診療放射線技術選書

放射化学・放射線化学

改訂5版

九州大学名誉教授　前田米藏　著
九州大学名誉教授　百島則幸

南山堂

改訂5版の序

　医療現場において放射線照射装置や放射性医薬品の果たしている役割はますます重要性を増してきています．さらに人々の健康を助けるための多種多様な放射性診断薬の開発と診療放射線技師の果たす役割には大きな期待が寄せられています．本書は1972年に初版を出版して以来40数年が過ぎました．これまで執筆者を交替しながら時代に対応した内容として改訂を続けてきました．

　改訂5版で，は執筆者の一人（前田）が医療関係大学で放射化学の講義を担当することになり，その経験を踏まえて2つの点に重点を置いて改訂しました．1つは国家試験の内容が実務に生かせるように工夫されていることを鑑み，この本では実務に必要な知識を含めて，それを補うような広い放射化学の内容としました．これは，実務の専門的な知識が広い放射化学の体系の中でどんな位置にあるのかを理解し，もっと深い理解への道筋を示すためです．2つ目は大学レベルの化学や物理を学んでいない学習者が放射化学を学べるように心がけました．論理的な説明より解説的な説明にして短時間に放射化学が学べるように工夫しました．そのために章末に問題を設けその章の重点が判別できるようにしました．

　この本の始まりは「診療放射線技術選書」シリーズの一巻として高島良正，中村照正，氏本菊次郎先生らにより書かれました．第3版から大崎進先生が加わり，さらに今回から大崎進先生と百島が交替して出版していますので，高島先生らとの共同執筆であるといえますが，先生方のご意向もあり，このたびの執筆者は二人だけの連名としました．

　この本を通して放射化学を学んでいただければ幸いです．
　　2015年2月

　　　　　　　　　　　　　　　　　　　　　　　　　　前田米藏

初版の序

　本書は診療放射線技師養成学校の教科書または参考書として書かれたものである．近年放射線が医療用の殺菌，治療などに日常的に用いられるようになり，それらに従事する技術者は放射線生物学や放射線測定法のほかに放射化学や放射線化学の基礎をも習得する必要が生じてきた．

　とくに放射線の物質に対する化学作用を知ることは，放射線を利用する上で極めて重要な問題である．しかしそれらの問題はまだ研究の歴史が浅く，十分解明されていないことが多い．本書では放射性同位体や放射線の，化学における利用について，できるだけ基礎的な事がらを広範囲に述べるように努めたつもりである．

　しかし著者らの浅学のため不備な点も多いかと思われるが，本書が診療放射線技師の教育に少しでも役立てば著者らにとって大きな喜びである．

　最後に本書の出版に当って一方ならぬ御尽力をいただいた南山堂編集部の皆様に感謝の意を表する．

　1972年3月

著者ら　しるす

目次

1章 放射性核種と壊変現象 — 1

A．核種・同位体・放射能 — 2
B．放射性壊変現象 — 5
1．壊変の種類と壊変過程 — 5
　1) α壊変 …5
　2) β壊変 …6
　3) 軌道電子捕獲 …7
　4) γ線放射 …7
　5) 陽電子 …7
　6) 自発核分裂 …8
2．壊変図式 — 8
3．壊変速度 — 10

C．放射能および放射線の単位 — 17
1．放射性物質の量を表す単位 — 17
2．放射線量を表す単位 — 20
　1) 照射線量 …20
　2) 吸収線量 …20
　3) 等価線量 …20
　4) 実効線量 …20
　5) 個人線量計をつける位置 …22
　6) 預託実効線量 …22
3．実効半減期 — 22

D．天然に存在する放射性核種 — 23
1．一次放射性核種および消滅放射性核種 — 24
2．二次放射性核種 — 28
3．誘導放射性核種 — 28
4．天然に分布する人工放射性核種 — 29

2章　原子核の性質と核反応 ───────── 35

A．原子核の構造と性質 ───── 36
1．原子核の大きさと核力の特徴 ───── 36
2．原子核の結合エネルギー ───── 37
3．原子核のモデル ───── 40

B．原子核反応 ───── 41
1．核反応の性質 ───── 43
2．核反応による放射性核種の製造 ───── 46
3．核分裂反応と核破砕反応 ───── 46
4．核融合反応 ───── 51
5．人工放射性元素と新元素 ───── 52
6．荷電粒子加速装置 ───── 53

3章　放射性核種の分離と線源調製法 ───────── 57

A．分離の必要性と特殊性 ───── 58
1．トレーサ量の特性と担体 ───── 58
　　1）担　体 …58
　　2）ラジオコロイド …59
2．共沈法 ───── 59
　　1）$^{32}PO_4^{3-}$と$^{35}SO_4^{2-}$イオンの分離 …61
3．溶媒抽出法 ───── 61
　　1）ジイソプロピルエーテルによる鉄の抽出 …61
4．クロマトグラフィ ───── 62
　a．イオン交換クロマトグラフィ …63
　　1）希土類元素の分離 …64
　b．ペーパークロマトグラフィ …65
　c．吸着・分配クロマトグラフィ …65
　　1）過テクネチウム酸ナトリウムジェネレータ …66
　d．電気泳動法 …67
　e．クロマトグラフィにおける放射性核種の検出 …68
5．ホットアトム ───── 68

B．固体試料の線源調製法 ───── 69
1．一般的注意 ───── 70
2．さまざまな線源調製法 ───── 71

         a．蒸発法　…71
         b．沈殿ろ過法　…72
         c．電着法　…72
         d．蒸着法　…73
         e．遠心分離法　…73
   C．液体および気体試料の線源調製法 ——— 73
      1．液体シンチレーションカウンタ用試料調製法 ——— 73
         1) クエンチング　…76
      2．気体試料調製法 ——— 76
         1) 気体を直接測定　…76
         2) 気体を溶媒に吸着させて測定　…77
   D．オートラジオグラフィ用試料調製法 ——— 77
      1．解像力を決定する因子 ——— 78
      2．マクロオートラジオグラフィ用試料調製 ——— 79
      3．ミクロオートラジオグラフィ用試料調製 ——— 80
         1) コンタクト法　…80
         2) マウント法　…81
         3) ストリップ法　…81
      4．イメージングアナライザー用試料調製 ——— 81
         1) イメージングプレート　…82

4章　放射線と物質との相互作用 ——— 85

   A．電離放射線の挙動 ——— 86
   B．荷電粒子と原子との相互作用 ——— 86
      1．荷電粒子の衝突 ——— 86
         a．輻射性衝突　…86
         b．非弾性衝突　…87
         c．弾性衝突　…87
      2．荷電粒子の飛程 ——— 88
         a．α粒子の飛程　…88
         b．電子の飛程　…89
   C．X線，γ線と原子との相互作用 ——— 93
         1) 光の二重性　…93
      1．光電効果 ——— 94

目次

- 2．コンプトン効果 ……… 94
- 3．電子対生成 ……… 95
- D．中性子と物質との相互作用 ……… 97
- E．チェレンコフ効果 ……… 97
- F．放射線の測定法と線量測定法 ……… 97
  - 1．電離箱による測定 ……… 98
    - a．空気壁電離箱 …100
  - 2．GM計数管による測定 ……… 100
    - a．GM計数管 …102
  - 3．シンチレーションによる測定 ……… 103
    - a．光電子増倍管 …104
    - b．シンチレータ …104
      - 1）無機シンチレータ …106
      - 2）有機シンチレータ …106
      - 3）液体シンチレータ …106
  - 4．半導体検出器 ……… 106
  - 5．線量測定法 ……… 106
    - a．化学的線量測定 …107
    - b．物理的線量測定法 …108
      - 1）ガラス線量計 …108
      - 2）電子式ポケット線量計 …108
      - 3）OSL線量計 …109
      - 4）エネルギー依存性 …109

5章　放射線化学 ……… 111

- A．放射化学と放射線化学 ……… 112
- B．放射線化学反応の初期過程 ……… 112
  - 1．一次作用 ……… 112
  - 2．二次作用 ……… 114
  - 3．イオンの検出 ……… 116
  - 4．電子の反応 ……… 118
  - 5．励起状態 ……… 118
- C．気体の放射線化学反応 ……… 121
  - 1．イオン対生成に必要なエネルギー ……… 121
  - 2．放射線化学反応の M/N 比 ……… 122

D．水および水溶液の放射線化学反応 ―― 124
1．水の放射線分解 ―― 124
2．塩類水溶液の放射線化学反応 ―― 125
　　a．フリッケ線量計 …125
3．化学線量計への利用 ―― 127
4．離脱電子および水和電子 ―― 127

E．固体における放射線照射の効果 ―― 129
1．放射線損傷 ―― 129
2．無機化合物の放射線損傷 ―― 130
　　1）金属および合金の放射線損傷 …131
　　2）イオン性および共有性結晶の放射線損傷 …131
3．有機化合物に対する放射線の作用 ―― 131

6章 放射性核種の利用とトレーサ化学，原子力 ―― 135

A．放射性核種の利用 ―― 136
　　1）核種の半減期 …136
　　2）放射線の種類，エネルギー …136
　　3）比放射能 …136
　　4）放射化学純度 …137

B．分析化学へ応用 ―― 137
1．放射分析 ―― 137
2．同位体希釈分析 ―― 138
　　1）直接希釈法 …138
　　2）逆希釈法 …139
　　3）二重希釈法 …139
　　4）同位体誘導体法 …139
　　5）不足当量法 …141
3．ラジオイムノアッセイ ―― 141
4．放射化分析 ―― 142
　　a．熱中性子放射化分析 …142
　　b．種々の放射化分析 …143
　　　1）速中性子放射化分析 …144
　　　2）中性子誘起即発 γ 線分析法 …144
　　　3）荷電粒子放射化分析 …144
　　　4）荷電粒子励起 X 線 …145

5) アクチバブルトレーサ（後放射化）法 …145

C. 有機化学および生化学への応用 —— 146
1. 物質の移動や分布状態の研究 —— 146
　　1) オートラジオグラフィ …146
　　2) 陽電子放出断層撮影法 …146
　　3) 単一光子放射断層撮影 …147
2. 有機反応機構，代謝経路の解明 —— 148

D. 標識化合物 —— 148
1. 標識化合物の合成法 —— 149
　a. 化学合成法 …149
　b. 生合成法 …149
　c. 同位体交換法 …149
　d. 反跳合成法 …150
　e. ウイルツバッハ法 …150
2. 標識位置 —— 150
　a. 特定位標識化合物 …151
　b. 名目標識化合物 …151
　c. 均一標識化合物 …151
　d. 全般標識化合物 …151
3. ^{14}C 標識化合物 —— 151
4. ^{3}H 標識化合物 —— 152
5. ^{32}P および ^{35}S 標識化合物 —— 153
6. その他の標識化合物の調整法 —— 153
　　1) 直接標識法 …153
　　2) 間接標識法 …154
7. 標識化合物の使用上の注意 —— 155
8. 標識化合物の純度 —— 156

E. 年代測定法 —— 157
1. 放射性炭素法 —— 157
2. カリウム・アルゴン法 —— 158

F. 原子力の利用 —— 159
1. 原子力発電の原理 —— 159
2. 原子力発電の型式 —— 160
　a. 熱中性子炉 …160
　　1) 加圧水型原子炉 …160

　　　　　2）沸騰水型原子炉　…**161**
　　　　　3）黒鉛減速ガス冷却炉　…**161**
　　　　　4）重水減速軽水冷却炉　…**161**
　　　b．速中性子炉　…**162**
　　　　　1）高速中性子増殖炉　…**162**
3．核燃料サイクル ──────────────── **162**
4．核融合 ──────────────────── **164**

演習問題の解答，解説 ─────────────── **167**
付　　表 ───────────────────── **171**
　　1．物理定数表　…**171**
　　2．エネルギー換算表　…**171**
　　3．元素の周期表　…**172**

参考文献 ───────────────────── **174**
日本語索引 ──────────────────── **175**
外国語索引 ──────────────────── **179**

1章 放射性核種と壊変現象

SUMMARY

放射性核種は地球の誕生以来,自然界に存在し,身の回りに,あるいは私たちの体内にも存在する.放射線は人類に多くの利便をもたらすが,使い方を誤ると取り返しのつかない障害をもたらす.放射性核種の特徴や壊変現象をよく理解することは,社会生活の中で出会う放射線の利便を生かし,放射線の安全取り扱いの基礎となるものである.

A. 核種・同位体・放射能

　原子の大きさは，10^{-8} cm 程度で原子核と電子から構成されている．原子核は原子の中央にあって，その大きさは約 10^{-13} cm 程度と非常に小さい．電子は原子核の外部を周期運動し，その存在は，波動力学によってそれぞれの位置における存在確率を予測することしかできない．その様子を模式的に図 1-1 に示す．

　原子核は正の電荷をもつ陽子 proton と，電荷をもたない中性子 neutron で構成されており，これらを総称して核子 nucleon という．陽子と中性子の質量はほとんど等しく，電子の質量の 1.84×10^3 倍に相当するので，原子の質量はほとんど原子核に集中している．原子の質量は陽子や中性子 1 個の質量が 1 に近い値となるような質量の単位を定めると*，原子核中の陽子数 N_p と中性子数 N_n の

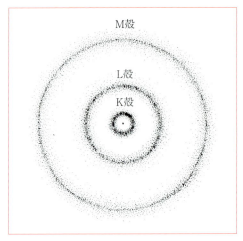

図 1-1．原子の断面図
中心に原子核がある．点の密度は電子の存在密度に対応する．

＊ 炭素の同位体 $^{12}_{6}\mathrm{C}$ の原子 1 個の質量を原子質量単位で 12 u（厳密に）と定めると，陽子と中性子の静止質量はそれぞれ 1.007276 u，1.008665 u，電子の静止質量は 5.485799×10^{-4} u となる．原子核の密度は約 10^{11} kg cm^{-3} と大きい．1 u $= 10^{-3}$ kg/N_A $= 1.660539 \times 10^{-27}$ kg，Avogadro 数 $N_A = 6.022141 \times 10^{23}$ mol^{-1} である．
^{12}C の質量がそれを構成する核子と電子の和より小さいのは，質量偏差によるためである．

和で表すことができる．陽子数と中性子数の和を質量数 $A(=N_\mathrm{p}+N_\mathrm{n})$ という．

元素の周期律と原子構造の関係から明らかなように，原子の化学的性質は，原子番号 $Z=N_\mathrm{p}$，すなわち原子核中の陽子数によって特徴づけられる．陽子数が等しい中性原子では，中性子の数は異なっても核外の電子数 N_e や電子配置は等しいので，それらの化学的性質は同じになる．原子核内に含まれる陽子数は等しく中性子数が異なる原子を互いに同位体（アイソトープ isotope）と呼ぶ．同位体は周期表中の同じマスの中に配置される．

1897 年，Becquerel により放射能 radioactivity が発見されて以来，自然界において数多くの放射性同位体 radioisotope が見出されてきた．放射能とは，原子核より放射線 radiation を放出して異なる原子種（エネルギー状態も含む）に変化する能力をいう．

Aston により質量分析器が製作されて以来，自然界に存在する元素も多くの場合，いくつかの安定同位体 stable isotope の混合物であることが明らかにされた*．同位体を互いに区別するために，原子番号 Z，質量数 A，元素記号 X の原子種を $^A_Z\mathrm{X}$ で表す（しかし，X が決まれば Z は必然的に決まるので，単に $^A\mathrm{X}$ で表すことが多い）．たとえば天然に存在する炭素の同位体には，$^{12}_{6}\mathrm{C}$，$^{13}_{6}\mathrm{C}$，$^{14}_{6}\mathrm{C}$ の 3 種類がある．その中で $^{12}_{6}\mathrm{C}$ と $^{13}_{6}\mathrm{C}$ は安定同位体であり，$^{14}_{6}\mathrm{C}$ は 5730 年の半減期 half life をもつ放射性同位体である．原子番号 43 番の Tc，61 番の Pm，および 84 番の Po 以降の元素の安定同位体は天然に存在しない．

同位体のほかに，核種 nuclide という用語もよく使用される．核種とは $^A_Z\mathrm{X}$ で表されるように，同一の原子番号および同一の質量数をもつ特定の原子種を意味する．一般的に同位体という用語はその化学的性質を問題にするとき，核種は原子核の性質に注目するときのように使い分けられている．

また同重体 isobar，同中性子体 isotone，核異性体 nuclear isomer という用語が使用される．同重体とは原子核内に含まれる核子数が等しい核種，たとえば $^{100}_{44}\mathrm{Ru}$，$^{100}_{45}\mathrm{Rh}$，$^{100}_{46}\mathrm{Pd}$ などをいい，同中性子体とは中性子数が等しい核種，たとえば $^{104}_{44}\mathrm{Ru}$，$^{105}_{45}\mathrm{Rh}$，$^{106}_{46}\mathrm{Pd}$ などをいう．陽子数および中性子数の両方とも同一で

---

* 現在公認されている 114 種の元素のうちで，ただ 1 種の同位体からなるものは，$^{9}_{4}\mathrm{Be}$，$^{19}_{9}\mathrm{F}$，$^{23}_{11}\mathrm{Na}$，$^{27}_{13}\mathrm{Al}$，$^{31}_{15}\mathrm{P}$，$^{45}_{21}\mathrm{Sc}$，$^{55}_{25}\mathrm{Mn}$，$^{59}_{27}\mathrm{Co}$，$^{75}_{33}\mathrm{As}$，$^{89}_{39}\mathrm{Y}$，$^{93}_{41}\mathrm{Nb}$，$^{103}_{45}\mathrm{Rh}$，$^{127}_{53}\mathrm{I}$，$^{133}_{55}\mathrm{Cs}$，$^{141}_{59}\mathrm{Pr}$，$^{159}_{65}\mathrm{Tb}$，$^{165}_{67}\mathrm{Ho}$，$^{169}_{69}\mathrm{Tm}$，$^{197}_{79}\mathrm{Au}$，$^{209}_{83}\mathrm{Bi}$ の 20 種である．$^{12}\mathrm{C}$ の質量がそれを構成する核子と電子の質量の和より小さいのは，質量偏差によるためである．

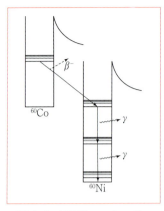

図 1-2. 原子核のエネルギー
準位と放射性壊変

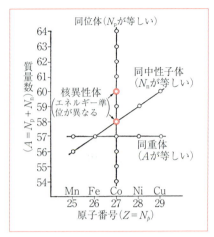

図 1-3. いろいろな核種の相互関係

ありながら，原子核のエネルギー状態だけが異なる核種を核異性体という．

核外の電子状態が非連続であるのと同様に，原子核のエネルギー準位も非連続であって，最もエネルギーの低い状態を基底状態，それ以上を励起状態という．放射性核種は，すべて励起状態にあり，放射線を放出してより安定な核種へと変化する．例として $^{60}_{27}$Co の放射性壊変と原子核のエネルギー準位の関係を図 1-2 に示す．励起状態にある原子核は，余分のエネルギーを γ 線として放出し，より安定な励起状態または基底状態の原子核に変化する．その脱励起過程において，励起状態にとどまりうる寿命がかなり長いとき，それを核異性体として区別している．このような半減期をもつ励起状態を準安定状態とよび，$^{Am}_{Z}$X の記号で表す．このような核異性体の組として，$^{60}_{27}$Co と $^{60m}_{27}$Co，$^{69}_{30}$Zn と $^{69m}_{30}$Zn，$^{82}_{35}$Br と $^{82m}_{35}$Br，$^{91}_{39}$Y と $^{91m}_{39}$Y などがある．準安定状態が 2 つ以上あるときには，m_1，m_2，……のように区別する．図 1-3 に同位体，同重体，同中性子体，核異性体の相互関係を示す．中性子は原子核の外ではわずかな例外を除いて不安定であり，半減期約 10 分，平均寿命約 15 分で

$$n \rightarrow p + e^- + \bar{\nu}_e + 0.78 \text{ MeV}$$

と崩壊する．$\bar{\nu}_e$ は反電子ニュートリノである．

1934 年 Joliot-Curie 夫妻によって初めて人工的に放射性同位元素 $^{30}_{15}$P がつく

られ，その後，高エネルギー加速器や，中性子源としての原子炉が開発され，おびただしい数の放射性同位元素が人工的に造り出された．天然に存在する安定同位元素が，約274種であるのに対して，現在までに確認されている放射性同位元素は1,700種にも及ぶ．このうち，自然界に見出される放射性同位元素は100種程度である．

陽子数が同じである原子が集まってできた純粋な物質を元素という．元素の多くは室温で個体であるが，フッ素と塩素および希ガス元素は室温で気体であり，臭素と水銀は液体である．また，ガリウム（融点は29.76℃）とセシウム（融点は28.44℃）の融点は室温近くにあり，熱帯地方では液体となる．さらに臭素の沸点は59℃であり気体になりやすい．

B. 放射性壊変現象

放射性壊変現象をよく理解しておくことは，放射化学や放射線化学を学ぶうえで必要不可欠である．以下に基本的な事項について述べる．

1 壊変の種類と壊変過程

原子核が不安定である要因は一般的に次のように分類される．
① 核が重過ぎて核の表面張力のために不安定になる．この場合にはα壊変，β壊変あるいは自発核分裂を起こして核の不安定の解消を図る．
② 核子のN_n/Z比のバランスが悪くて核が不安定になる．この場合にはβ壊変を起こして核の不安定の解消を図る．
③ 核が励起状態にある．この場合には過剰なエネルギーをγ線として放出して不安定の解消を図る．

1）α壊変　α-decay

原子核から特定のエネルギーをもったヘリウムの原子核を放出する形式で，通常$^4_2He^{2+}$イオンをα粒子（α線）という．したがって，壊変の結果，新しく生じる核種は，原子番号で2, 質量数で4だけ減少する．α線の運動エネルギーのことをα線のエネルギーともいう．そのエネルギーが一定であることよりα線は線スペクトルをもつ．α壊変に伴って，低エネルギーのγ線を放出するこ

とが多い．そのγ線と軌道電子との相互作用により，内部転換電子 internal conversion electron や特性X線が放出されることが多い．

$$\mathrm{^{238}_{92}U} \xrightarrow[4.468 \times 10^9 \text{ y}]{\alpha} \mathrm{^{234}_{90}Th}$$

2）β壊変　β-decay

β壊変はnを中性子，pを陽子，Eを放出されるエネルギーとすると，核内で次の式で示される反応が起こることによる．

$$\mathrm{n} \longrightarrow \mathrm{p} + \beta^- + E$$
$$\mathrm{p} \longrightarrow \mathrm{n} + \beta^+ + E$$

壊変に伴って原子核から中性微子 neutrino も放出される．中性微子が運動エネルギーを持ち出すため，放出される電子の運動エネルギーは一定でない．陰電子あるいは陽電子 positron* を放出する2つの場合があるので，β^-壊変あるいはβ^+壊変として区別する．したがって前者では中性子が陽子に変換するため原子番号が1だけ増加し，後者では陽子が中性子に変換するため原子番号が1だけ減少する．質量数はいずれの場合も変化しない．ある元素で見ると，安定核種の中性子数より中性子過剰な核種はβ^-壊変し，中性子不足の核種はβ^+壊変あるいはEC壊変する．β壊変では，壊変に伴ってγ線を放出することが多く，とくに低エネルギーのγ線と軌道電子との相互作用により，内部転換電子やX線の発生がみられる．β線が物質によって遮られると，遮蔽物質との相互作用で二次的に制動放射X線が放射される．これは連続X線であるので，β線に比べて透過力が大きい．β^+粒子はその飛程の終わり近くになると，付近の陰電子と結合して，消滅γ線とよばれる 0.51 MeV のエネルギーをもつ2本のγ線を放出し消滅する．β^+壊変は親核種と娘核種の原子質量の差が 1.02 MeV 以上ある場合にのみ起こる．

$$\mathrm{^{60}_{27}Co} \xrightarrow[5.271 \text{ y}]{\beta^-} \mathrm{^{60}_{28}Ni}$$

$$\mathrm{^{64}_{29}Cu} \xrightarrow[12.70 \text{ h}]{\beta^+ (17.4\%)} \mathrm{^{64}_{28}Ni}$$

---

*　質量は電子と同じで，電荷が+の電子をいう．

3）軌道電子捕獲　electron capture（EC）

原子核が軌道電子を1個取り込んで安定化する現象で，一番エネルギー準位の低いK殻の電子を取り込むことが多い．この壊変も広義のβ壊変に分類される．

$$p + e \longrightarrow n + E$$

それゆえに，壊変の結果生じる原子核の原子番号は，1だけ減少し，質量数は変化しない．軌道電子捕獲においては，その前後のエネルギー差に相当する中性微子が原子核より放出される．その際，原子核が励起されてγ線の放出を伴うことがある．また，核に捕獲された電子の存在していた電子軌道に，電子の空孔が生じるために，次のエネルギー準位の軌道電子が遷移してその空孔を埋める．それに伴って，2つの準位間のエネルギー差に相当する特性X線が放出される．したがって特性X線は一定のエネルギーをもった電磁波である．このように内殻に電子の空孔が生じ，この空孔が外殻電子により埋められ，その際，余分なエネルギーが発散される現象をAuger効果とよんでいる．

$$^{57}_{27}\text{Co} \xrightarrow[271.7\,\text{d}]{\text{EC}} {}^{57}_{26}\text{Fe}$$

4）γ線放射

原子核変換によって生じた励起状態の原子核が，より安定な状態に変化するとき，そのエネルギー差に相当するγ線を放出する．γ線放射では原子番号，質量数とも変化しない．一般的にγ線放射は10^{-9}秒以内に起こるが，励起状態の半減期が0.01秒以上のときには，とくに核異性体転移isomeric transition（IT）という．低エネルギーのγ線放射では，軌道電子との相互作用により，内部転換を起こすことが多い．

5）陽電子

^{22}Na，^{64}Cu，^{58}Co，^{65}Znなどは$β^+$壊変を行い陽電子e^+を放出する．ここで生成したe^+は0〜数keV*のエネルギーを有し，その飛行中にほかの分子をイオン化したり，励起したりして次第にその運動エネルギーを失う．e^+はe^-と

---

*　電子ボルトelectron volt（eV）は1個の電子が1Vの電位差で加速されるときに得るエネルギーであって，
1 eV = 1.60217×10^{-19}C V = 1.60217×10^{-19}J
である．

表 1-1. 壊変形式，原子番号と質量数の変化，放出される放射線

壊変形式	原子番号	質量数	原子核から放出される放射線
α	−2	−4	α粒子，γ線(低エネルギー)
β $\begin{cases} β^- \\ β^+ \end{cases}$	+1 −1	0 0	$β^-$粒子，中性微子，しばしばγ線 $β^+$粒子，中性微子，ときにγ線
EC	−1	0	中性微子，ときにγ線
IT	0	0	γ線
SF	2個の核分裂片		核分裂生成物，中性子，γ線

衝突して**対消滅**し，消滅時に $2\,\mathrm{m} = 2 \times 9.1 \times 10^{-28}\,\mathrm{g}$ の静止質量に相当するエネルギー 1.02 MeV が光子として放出される．この消滅過程で，互いに逆方向に 2 本のγ線を放出する場合と，3 本のγ線を放出する場合があり，前者の消滅形式の確率が高い．ここのmは電子および陽電子の質量である．ここまでに要する時間は $10^{-12} \sim 10^{-8}$ 秒である．

6) 自発核分裂

ウラン，トリウムなどの重い核種は，ひとりでに原子核分裂を起こし，核分裂生成物，中性子，β粒子，γ線を放出する．この現象を**自発核分裂**とよび，一般にその半減期は非常に長い（表 2-3 参照）．

壊変形式，原子番号と質量数の変化ならびに壊変に伴って放出される放射線を表 1-1 にまとめて示す．

2 壊変図式

図 1-2 のような模式図をもっと単純にし，壊変に関する情報をつけ加えると実用上非常に便利である．このように工夫された図を壊変図式という．通常原子核のエネルギー準位，スピンとパリティ，壊変の様式（壊変様式が 2 つ以上ありそれらが同時に起こる場合はそれぞれの割合とする），半減期，放射線の種類と最大エネルギーなどが記入される．α壊変，$β^+$壊変および軌道電子捕獲では新たに生じる元素の原子番号が減るのでそのエネルギー準位を左下に，$β^-$壊変では原子番号が増えるので右下に，γ線放射では原子番号が変化しないので真下に配置する習慣になっている．よく知られた放射性核種について，その

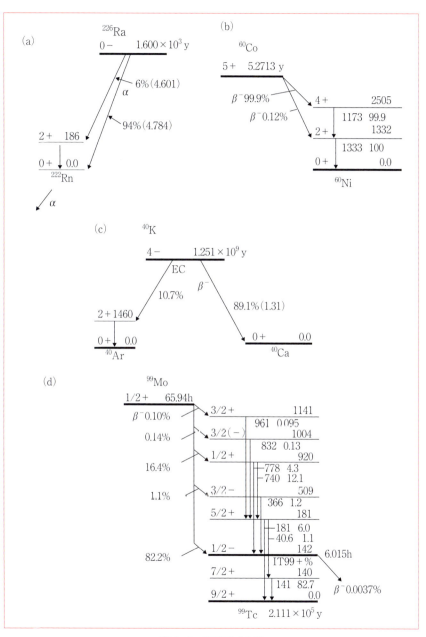

図 1-4. 壊変図式の例

例を図1-4に示す。^{40}K の β^- 壊変では γ 線の放出はない。しかし，EC 壊変も10.7％の確率で起こるためそれに起因する γ 線の放出がある。^{99m}Tc は ^{99}Tc の第2励起状態（図では半減期6.0時間を持つ太い黒線の状態）である。この励起状態からの脱励起 γ 線遷移が描かれてないのは，この場合はほとんどが内部転換によって脱励起するからである。

3 壊変速度

放射性壊変の速度は，特殊な例外を除いて人工的手段（温度，圧力，物理形，化学形の違いなど）によって影響を受けない。放射能の強さは単位時間当たりの放射性物質の減少割合として定義される。

親核種 parent nuclide と娘核種 daughter nuclide の壊変速度の大小関係によって，次の4つに分類される。

① A（放射性）$\xrightarrow{\lambda}$ B（安定）

放射性核種 A の壊変定数を λ とすると，統計的に

$$-\frac{dN}{dt} = \lambda N \qquad (1.1)$$

の関係が成り立つ。ここで，N はある時刻 t における A の原子数である。時刻 t_0（$t_0 < t$）における A の原子数を N_0 とすれば，1.1 を積分して

$$N = N_0\, e^{-\lambda t} \qquad (1.2)$$

が得られる。1.2 において，A の原子数が半減する（$N_0/2$）までの時間，すなわち半減期 half life を T とすると

$$T = \frac{\ln 2}{\lambda} = \frac{0.69315}{\lambda} \qquad (1.3)$$

となる*。また，1.3 を 1.2 に代入して，

---

* 半減期とよく似た値で，平均寿命 τ mean life がある。これは個々の放射性核種の壊変までの寿命を合計し，その値を核種の合計数で割ったものである。
$$\tau = 1/N_0 \int_{N=N_0}^{N=0} t\,dN = -\lambda \int_0^\infty t\cdot e^{-\lambda t}\,dt = 1/\lambda = T/\ln 2 = 1.443\,T$$
これは原子数が最初の $1/e = 0.368$ に減少するまでの時間になっている。
また，$N = N_0\,(1/e)^{t/\tau}$ とも書ける。

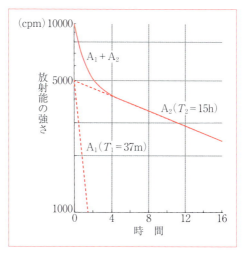

図 1-5. 独立に壊変する 2 つの放射性核種の壊変

$$N = N_0 \mathrm{e}^{-0.693t/T} = N_0 (1/2)^{t/T}$$

とも書ける.

半減期 T_1, T_2 がかなり異なる ($T_1 < T_2$) 2 つの核種 A_1, A_2 が混在しているとき, 全放射能の経時変化を A_2 の放射能だけになるまで十分長く測定すれば, T_1, T_2 が求められる. すなわち図 1-5 のように全放射能を対数目盛で縦軸に, 測定時刻を等間隔目盛で横軸にとってプロットする. ($A_1 + A_2$) の放射能の減衰曲線が直線となる部分から外挿して直線をひくと, この直線の勾配から長寿命成分 A_2 の半減期 T_2 が求められる*.

また, この直線を延長して得られた A_2 の放射能を全放射能の減衰曲線から差し引いてプロットすると, 短寿命成分 A_1 の減衰曲線が得られる. 同じくこの直線の勾配から T_1 が求められる. これらの直線と y 軸との交点が個々の核種の初期放射能の強さとなる.

---

* 1.2 および 1.3 から次式が得られ,
$\log N = \log N_0 - \left(\dfrac{0.3010}{T}\right) t$
(直線の勾配) = $-0.3010/T$ より半減期が求められる.

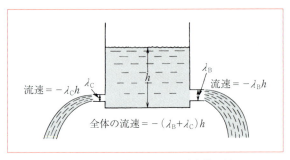

図 1-6. 分岐壊変に対する貯水槽の例

② A（放射性）$\underset{\lambda_C}{\overset{\lambda_B}{\rightrightarrows}}$ B（安定） / C（安定）

1つの親核種から2種類の娘核種を生じる場合，**分岐壊変**とよぶ．Aの壊変定数 λ は2つの部分壊変定数 λ_B，λ_C の和，すなわち $\lambda = \lambda_B + \lambda_C$ で表され，Aの原子数は 1.1, 1.2 に従って減少する．図 1-6 に示すように，底に2つの流出口 (λ_B, λ_C) を持つ貯水槽に水層の高さ h で水が満たされている状態とよく似ている．分岐崩壊する場合には，全半減期を T，部分半減期を T_B, T_C とすると，それぞれ，$T_B = 0.693/\lambda_B$，$T_C = 0.693/\lambda_C$ となるので，$T_B/T_C = \lambda_C/\lambda_B$ となる．

③ A（放射性）$\xrightarrow{\lambda_1}$ B（放射性）$\xrightarrow{\lambda_2}$ C（安定）

この壊変系列に対する貯水槽の例をあげると，図 1-7 の場合にあたる．時刻 t における核種 A, B の原子数を N_1, N_2 とすると

$$-\frac{dN_1}{dt} = \lambda_1 N_1 \qquad \qquad 1.4$$

$$-\frac{dN_2}{dt} = \lambda_2 N_2 - \lambda_1 N_1 \qquad \qquad 1.5$$

の関係が成り立つ．時刻 t_0 ($t_0 < t$) における核種 A, B の原子数を $N_{1,0}$, $N_{2,0}$ として 1.4 を積分すると 1.6 が得られ，

$$N_1 = N_{1,0} e^{-\lambda_1 t} \qquad \qquad 1.6$$

これを 1.5 に代入して積分すると，次のようになる．

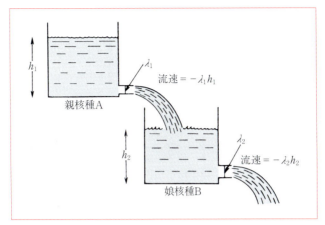

図 1-7. 放射性壊変系列をなす壊変に対する貯水槽の例

$$N_2 = N_{2,0} e^{-\lambda_2 t} + \frac{\lambda_1 N_{1,0}}{\lambda_2 - \lambda_1}(e^{-\lambda_1 t} - e^{-\lambda_2 t}) \quad \text{1.7}$$

核種 A, B の半減期を T_1, T_2 とすると，$\lambda_1 > \lambda_2$（$T_1 < T_2$）のときには T_1 の 10 倍も時間が経つと，A はほとんど壊変してしまい（$N_1 = \frac{N_{1,0}}{2^{10}} = \frac{N_{1,0}}{1024}$），$N_2 = N_{1,0} \, e^{-\lambda_2 t}$ となり，見かけ上娘核種の放射能は，親核種の原子数 $N_{1,0}$ に比例して壊変するようになる．その例を図 1-8 に示す．

$\lambda_1 < \lambda_2$（$T_1 > T_2$）のときは，最後まで親核種 A は娘核種 B と共存する．しかし，$e^{-\lambda_2 t} \ll e^{-\lambda_1 t}$ であるので，$N_{2,0} = 0$ の場合でも T_2 の 10 倍も時間が経つと 1.7 より

$$\frac{N_2}{N_1} = \frac{\lambda_1}{(\lambda_2 - \lambda_1)} \quad \text{1.8}$$

の関係が成立し，放射能の比は $\dfrac{\text{B の放射能}}{\text{A の放射能}} = \dfrac{\lambda_2 N_2}{\lambda_1 N_1} = \dfrac{\lambda_2}{\lambda_2 - \lambda_1} = \dfrac{T_1}{T_1 - T_2}$ となる．この場合を**過渡平衡**とよび，

$$^{140}_{56}\text{Ba} \xrightarrow[12.752\ \text{d}]{\beta^-} {}^{140}_{57}\text{La} \xrightarrow[1.678\ \text{d}]{\beta^-} {}^{140}_{58}\text{Ce}\ (安定)$$

がその例である．放射能の時間変化は，図 1-9 に示すように全放射能および娘核種の放射能は，ある時間経過すると最大になり，それから次第に減少する．

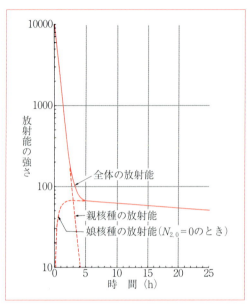

図 1-8. 放射平衡が成立しない系

$$^{239}\text{U} \xrightarrow[23.45\text{ m}]{\beta^-} {}^{239}\text{Np} \xrightarrow[2.356\text{ d}]{\beta^-}$$

$$^{239}\text{Pu} \xrightarrow[2.411\times 10^4\text{y}]{\alpha}$$

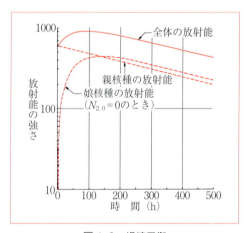

図 1-9. 過渡平衡

$$^{140}\text{Ba} \xrightarrow[12.752\text{ d}]{\beta^-} {}^{140}\text{La} \xrightarrow[1.678\text{ d}]{\beta^-} {}^{140}\text{Ce}$$

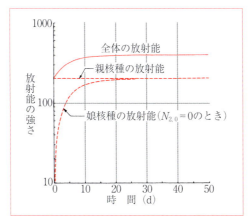

図 1-10. 永続平衡

$$^{226}\text{Ra} \xrightarrow[1600 \text{ y}]{\alpha} {}^{222}\text{Rn} \xrightarrow[3.824 \text{ d}]{\alpha} {}^{218}\text{Po} \xrightarrow{\alpha}$$

さらに $\lambda_1 \ll \lambda_2$（$T_1 \gg T_2$）のときには 1.8 はもっと簡単になり，1.9 の関係が成立する．

$$\frac{N_2}{N_1} = \frac{\lambda_1}{\lambda_2} \tag{1.9}$$

この場合を永続平衡とよび，放射能の比は，$\dfrac{\text{B の放射能}}{\text{A の放射能}} = 1$ となる．放射能の時間変化の典型例を図 1-10 に示す．

$$^{90}_{38}\text{Sr} \xrightarrow[28.8 \text{ y}]{\beta^-} {}^{90}_{39}\text{Y} \xrightarrow[64.0 \text{ h}]{\beta^-} {}^{90}_{40}\text{Zr}\ (\text{安定})$$

がその例である．

放射性核種の間にこのような平衡が存在することを放射平衡という．表 1-2 に放射平衡を示す核種の例を掲げる．

④ A（放射性）$\xrightarrow{\lambda_1}$ B（放射性）$\xrightarrow{\lambda_2}$ C（放射性）$\xrightarrow{\lambda_3}$ ……→ X（放射性）$\xrightarrow{\lambda_{n-1}}$ Y（放射性）$\xrightarrow{\lambda_n}$ Z（安定）

一般に n 個の放射性核種が壊変系列をなしており，$\lambda_1 \ll \lambda_2, \lambda_3, \dots, \lambda_n$（$T_1 \gg T_2, T_3, \dots, T_n$）の関係があるときには，A と B, C, ……, X, Y との

表 1-2. 放射平衡を示す代表的な核種の例

親核種（半減期）	壊変形式	娘核種（半減期）	壊変形式	放射平衡
^{68}Ge (271 d)	EC	^{68}Ga (67.7 m)	EC, β^+	永続平衡
^{81}Rb (4.58 h)	EC, β^+	^{81m}Kr (13.1 s)	IT, EC	永続平衡
^{90}Sr (28.7 y)	β^-	^{90}Y (64.1 h)	β^-	永続平衡
^{226}Ra (1600 y)	α	^{222}Rn (3.82 d)	α	永続平衡
^{99}Mo (65.9 h)	β^-	^{99m}Tc (6.01 h)	IT	過渡平衡
^{140}Ba (12.7 d)	β^-	^{140}La (1.68 d)	β^-	過渡平衡

永続平衡と過渡平衡の区別は半減期の差であるので，論理的には境界域の核種もある．

間に永続平衡が成立する．この場合 λ, N, T の間には

$$\lambda_1 N_1 = \lambda_2 N_2 = \lambda_3 N_3 = \cdots\cdots = \lambda_{n-1} N_{n-1} = \lambda_n N_n \quad 1.10$$

$$N_1 : N_2 : N_3 : \cdots\cdots : N_{n-1} : N_n$$

$$= \frac{1}{\lambda_1} : \frac{1}{\lambda_2} : \frac{1}{\lambda_3} : \cdots\cdots : \frac{1}{\lambda_{n-1}} : \frac{1}{\lambda_n} \quad 1.11$$

$$= T_1 : T_2 : T_3 : \cdots\cdots : T_{n-1} : T_n \quad 1.12$$

の関係がある．ウラン系列，アクチニウム系列，トリウム系列などの天然放射性核種の壊変系列においては，それぞれの系列の出発核種である ^{238}U（4.468×10^9 年），^{235}U（7.038×10^8 年），^{232}Th（1.405×10^{10} 年）の半減期がきわめて長いために，これらを先頭にして放射平衡が成り立っている．

放射平衡混合物から娘核種を分離して利用しても，娘核種の半減期の10倍も放置すると，再び放射平衡に達する．親核種が長寿命であれば，ミルクをしぼるように何回も繰り返して娘核種を取り出すことができるので，このような操作を**ミルキング**という．たとえば，核医学における

$$^{99}_{42}\text{Mo} \xrightarrow[65.9 \text{ h}]{\beta^-} {}^{99m}_{43}\text{Tc} \xrightarrow[6.01 \text{ h}]{\text{IT}} {}^{99}_{43}\text{Tc} \xrightarrow[2.11 \times 10^5 \text{ y}]{\beta^-} {}^{99}_{44}\text{Ru}$$

は酸化アルミナ Al_2O_3 を充填したカラムを使って，親核種 ^{99}Mo をモリブデン酸イオン $^{99}MoO_4^{2-}$ の化学形でアルミナに吸着させ，24時間ほど経ってから生成した娘核種 ^{99m}Tc を生理食塩水を用いて溶離し過テクネチウム酸イオン ^{99m}TcO$_4^-$ として取り出すことができる．

C. 放射能および放射線の単位

　放射性核種は，原子核壊変を行って放射線を放出する能力，すなわち放射能をもつ．放射能の単位時間当たりの強度を測定することによってその放射能の強さ（量）を知ることができる．

　放射性壊変によって原子から放出される放射線は，物質と相互作用を行い，励起，解離，イオン化などの現象を引き起こす．これらの相互作用の効果の強さは，放射線の種類とそのエネルギーおよび物質を通過する放射線粒子の総数に依存する．そこで放射性物質の量を表す単位のほかに，**放射線量** radiation dose を表す単位が必要となる．これには**照射線量** exposure dose と**吸収線量** absorbed dose とがある．

1 放射性物質の量を表す単位

　1977 年，国際放射線防護委員会（ICRP）によって採択された放射能の SI 単位は**ベクレル** becquerel（Bq）であり，次式で定義される．

$$1\,\mathrm{Bq} = 1(壊変)\,\mathrm{s}^{-1} \tag{1.13}$$

周波数の単位と区別するため，dps（disintegration per second 壊変毎秒）で表すことが多い．歴史的に使用されてきた放射能の単位，キュリー curie（Ci）との間には

$$1\,\mathrm{Ci} = 3.7 \times 10^{10}\,\mathrm{Bq}（厳密に）= 37\,\mathrm{GBq} \tag{1.14}$$

の関係がある．SI 単位に位取りの接頭語をつけた場合の両単位の対応関係を**表 1-3** に示す．
ここでラジオイムノアッセイによく使用される ^{125}I の 1GBq は，何 g に当たるかを計算してみよう（^{125}I の半減期は 59.4 日）． 1.2 と 1.3 より

$$-\frac{dN}{dt} = \lambda N = \frac{0.69315}{T} N \tag{1.15}$$

であるので，$-\left(\dfrac{dN}{dt}\right) = 1 \times 10^9\,\mathrm{s}^{-1}$，$T = 59.4 \times 24 \times 60 \times 60$ s を代入して 1GBq の ^{125}I の原子数を求めると

表 1-3. ベクレルとキュリー単位の対照表

ベクレル	キュリー
0.037 Bq	1 pCi（=10^{-12}Ci）
1 〃	27.03 〃
37 〃	1 nCi（=10^{-9}Ci）
1 kBq（=10^3Bq）	27.03 〃
37 〃	1 μCi（=10^{-6}Ci）
1 MBq（=10^6Bq）	27.03 〃
37 〃	1 mCi（=10^{-3}Ci）
1 GBq（=10^9Bq）	27.03 〃
37 〃	1 Ci
1 TBq（=10^{12}Bq）	27.03 〃

表 1-4. 放射性核種 1GBq 当たりの原子数および質量

核　種	核種質量	半減期	原子数/GBq	質量（g）/GBq
^{3}H	3.0160493	12.32 y	5.61×10^{17}	2.80×10^{-6}
^{14}C	14.0032420	5730 y	2.61×10^{20}	6.06×10^{-3}
^{24}Na	23.990964	14.96 h	7.77×10^{13}	3.10×10^{-9}
^{32}P	31.973908	14.26 d	1.78×10^{15}	9.45×10^{-8}
^{35}S	34.969033	87.51 d	1.09×10^{16}	6.33×10^{-7}
^{45}Ca	44.956189	162.7 d	2.04×10^{16}	1.53×10^{-6}
^{59}Fe	58.934878	44.50 d	5.55×10^{15}	5.43×10^{-7}
^{60}Co	59.933820	5.271 y	2.40×10^{17}	2.39×10^{-5}
^{90}Sr	89.907746	28.8 y	1.31×10^{18}	1.96×10^{-4}
^{131}I	130.906119	8.020 d	1.00×10^{15}	2.17×10^{-7}
^{198}Au	197.96823	2.695 d	3.36×10^{14}	1.10×10^{-7}
^{226}Ra	226.025406	1.600×10^3 y	7.28×10^{19}	2.73×10^{-2}
^{238}U	238.050786	4.468×10^9 y	2.03×10^{26}	8.04×10^4

この表の数値は $N_A = 6.022137 \times 10^{23}$，$\lambda = \ln 2/T$ を用いて算出した．1 Ci 当たりの値を知りたいときには，表の数値を 37 倍すればよい．

$$N = 1 \times 10^9 \times \frac{59.4 \times 24 \times 60 \times 60}{0.69315} = 7.40 \times 10^{15} \text{個} \qquad 1.16$$

アボガドロ数を 6.022×10^{23}，^{125}I の核種の質量を 124.90 とすると，その重さは

$$7.40 \times 10^{15} \times \left(\frac{124.90}{6.022 \times 10^{23}}\right) = 1.54 \times 10^{-6} \text{ (g)} \qquad 1.17$$

となる．一般に，ある核種の放射能を B ギガベクレル，核種の質量を M，半減期を T 秒とすると，その質量 W（g）は 1.18 で与えられる．

$$W = \left(\frac{1\times10^9 B \cdot T}{0.69315}\right) \times \left(\frac{M}{6.022\times10^{23}}\right)$$
$$= 2.396\times10^{-15} B \cdot T \cdot M \qquad 1.18$$

よく使用されるいくつかの放射性核種1GBq当たりの原子数および質量を表1-4に示す.

放射性核種をトレーサ実験に用いる場合,放射線検出器の感度が著しく高いことや放射線障害予防のため,MBq前後の放射性物質を取り扱うことが多い*.また,放射線測定試料の調製における操作を定量的に,また容易にする目的で,安定同位体を混合して使用することが多い.そこで全同位体の質量に対する放射能の比を比放射能specific activityという.たとえばリンの安定同位体は^{31}Pだけであるから,^{32}Pを含む試料の比放射能は

$$\frac{^{32}\mathrm{P(Bq)}}{^{31}\mathrm{P(g)} + ^{32}\mathrm{P(g)}} \fallingdotseq \frac{^{32}\mathrm{P(Bq)}}{^{31}\mathrm{P(g)}} \qquad 1.19$$

である.しかし,簡便に試料1g当たりの放射能で表すことも多い.また,比放射能のSI単位は,Bq kg^{-1}であるが,放射線の測定条件を一定にして,cpm mg^{-1},cpm mmol^{-1}などの相対的な数値のまま用いられることもある.表1-4に示す原子数および質量は,純粋に1GBqの放射性核種のみが含まれる場合であって,無担体 carrier free の状態とよばれる.無担体状態において,比放射能は最高となるので,^{32}Pでは1GBq/9.45×10^{-8}g = 10.6PBq/g以上の比放射能のものは理論的に得られない.

ふつう,無担体の状態では,放射性核種はきわめて微量であって,しかも極低濃度で存在するので,マクロ量存在する場合と比べて化学的挙動に異常性を示すことがある.吸着,コロイド,加水分解現象などによく見受けられる.化学的挙動が異常になると,トレーサ実験ではその目的を達成することができない.このとき,マクロ量またはセミミクロ量の安定同位体を加えると,正常な化学的挙動を示すようになる.このために添加する安定同位体を担体 carrier とよぶ.一般的に,加えるべき担体は,放射性同位体と同じ化学形でなければならない.

---

* たとえば1kBqの^{32}Pを含む試料のβ線を効率10%のGM計数管(p.100)で計数すると,6000 cpm(counts per minute)となり,十分精度よくその計数率を測定することができる.ところがその質量は10^{-13}gであって,化学天びん(感量10^{-4}〜10^{-5}g)で測れないだけでなく,比色分析法の検出限界(10^{-7}g)をもはるかに下回る.

2 放射線量を表す単位

1）照射線量

特定の単位名はない．X線またはγ線の照射強度を表す物理量で，空気1kg当たりに生じる電荷量（C）で表される．電荷は陽イオンあるいは陰イオンどちらか片方のみでよい．従来の単位レントゲン（R）とは$1C\ kg^{-1}=3876R$の関係がある．

2）吸収線量

物質がある照射場に置かれたときにその物質が放射線のエネルギーを吸収した量で表される Gy（グレイ）．物質1kg当たり1Jの放射線のエネルギーの吸収があったときの吸収線量を1Gyという．
$1\ Gy=1\ J\ kg^{-1}$で表す．

3）等価線量

人体への放射線の影響を論ずる場合に，吸収線量が同じでも放射線の種類やエネルギーによって人体への影響が異なることを考慮したものである．等価線量 Sv（シーベルト）は体の各組織・臓器の吸収線量（被曝量）に放射線荷重係数をかけたもので，組織・臓器ごとに求める．

　　　等価線量＝吸収線量×放射線荷重係数

放射線荷重係数を表 1-5 に掲げる．

4）実効線量

実効線量 Sv（シーベルト）は人の被曝線量を評価するときの指標で人体を構成する組織・臓器の放射線感受性の違いを考慮したものである．実効線量は，組織・臓器ごとの等価線量に組織荷重係数をかけて全組織を合計したものである．組織荷重係数を表 1-6 に掲げる．

　実効線量＝Σ（その組織・臓器の等価線量×その組織・臓器の組織荷重係数）
　　　　　＝（生殖腺の等価線量×生殖腺の組織荷重係数）＋（赤色骨髄の等価線量×赤色骨髄の組織荷重係数）＋（　）＋（　）＋（　）…

組織荷重係数は，組織・臓器の係数の和が1となるように放射線感受性の相違で割り当てられている．現在，法律では放射線防護の観点から被曝を評価するときの線量として用いられ，放射線作業従事者の実効線量限度は 100 mSv/5 年と定められている．また，一般人への被曝を考慮して，放射線取扱施設は，敷

表 1-5. 放射線荷重係数

放射線の種類・エネルギーの範囲	放射線荷重係数
光子（X線・γ線）；すべてのエネルギー	1
電子（β線）およびμ粒子；すべてのエネルギー	1
中性子；10 keV 以下	5
10～100 keV	10
100 keV～2 MeV	20
2～20 MeV	10
20 MeV 以上	5
反跳陽子以外の陽子，エネルギー 2 MeV 以上	5
α粒子（α線）	20
核分裂片	20
重原子核	20

（日本アイソトープ協会編：国際放射線防護委員会の 1990 年勧告，p.7, 丸善，1991.）

表 1-6. 組織荷重係数

組織・臓器	ICRP103（2007 年）	ICRP60（1990 年）
生殖腺	0.08	0.20
赤色骨髄，肺	各 0.12	各 0.12
結腸，胃	各 0.12	各 0.12
乳房	0.12	0.05
甲状腺	0.04	0.05
肝臓，食道，膀胱	各 0.04	各 0.05
骨表面	0.01	0.01
皮膚	0.01	0.01
唾液腺，脳	各 0.01	項目なし
残りの組織・臓器	0.12	0.05

地境界の外側における被曝線量を 1 mSv/年以下にすることが義務づけられている．

　実効線量や等価線量は直接計測することができない概念上の防護量である．そこで実際に測定できる線量として実用量が定義されている．実用量は，測定可能な量で防護量を適切に表現するものであり，かつ，防護量を下回らないように考えられている．外部被曝の実用量として，周辺線量当量（透過力の強いγ線，X線，中性子線などによる被曝），方向線量当量（透過力の弱いβ線や軟X線などによる皮膚や目の水晶体の被曝）と個人線量当量（個人線量計を身に

つけて行う個人モニタリング）がある．内部被曝の実用量としては，放射性核種の体内摂取量がある．体内摂取量は，ホールボディカウンターによる直接的な測定や尿や呼気などに含まれる放射能を測定し，代謝モデルを利用して間接的に求められる．摂取量から内部被曝の預託実効線量を算出する．

5）個人線量計をつける位置

個人線量当量には，皮膚表面からの深さによって 70 μm 線量当量，3 mm 線量当量，1 cm 線量当量の3つの区分があり，70 μm は皮膚の基底層，3 mm は眼の水晶体，1 cm はその他すべてを対象とする線量当量である．個人線量モニタリングは全身均等被曝を基本的な仮定とし，男子（および妊娠不能な女子）では造血組織である赤色骨髄の被曝をおもに考慮し，妊娠可能な女子では胎児被曝をおもに考慮している．そのため，個人線量計をつける位置は，男子は胸部，妊娠可能な女子は腹部と定められている．

6）預託実効線量

預託実効線量は，摂取した放射性核種から受ける内部被曝を物理学的半減期と生物学的半減期（人体の代謝排泄機能による）を考慮して一生（50 年間；子供の場合は 70 歳になるまで）にわたって合計したもので，一生分の被曝を放射性核種を摂取したときにすべて受けると想定した線量である．放射性核種ごとに決められている実効線量換算係数（Sv/Bq）を用いて算出する．しかし，実効半減期は，生物での代謝が複雑なことおよび決定臓器や摂取した化合物の化学形などにも依存するため実験的に生物学的半減期を求めることは難しく，確定的でない．

3 実効半減期

生体内に取り込まれた放射性物質は，体内に留まるかぎり内部被曝をもたらす．しかし，摂取された放射性核種はその半減期 T に従って減衰するとともに，固有の代謝経路にのって，ある時間内に排泄される．一般的に，摂取された物質の残存量は，時間とともに指数関数的に減少するとみなされるので，放射能の半減期と同様に，生物学的半減期 T_b を定めることができる．これは年齢や放射性核種のとどまる生体内の決定器官などによって決まる．

したがって，放射能の減衰と排泄効果の両方を考慮した実効（有効）半減期

表 1-7. 実効半減期 T_{eff}

核　種	決定器官	T（日）	T_b（日）	T_{eff}（日）
^{3}H	全　身	4.5×10^3	12	12
^{14}C	全　身	2.1×10^6	10	10
^{32}P	骨	14.3	257	13.5
^{59}Fe	脾　臓	43.1	600	40.2
^{90}Sr	骨	1.1×10^4	1.8×10^4	6.8×10^3
^{99m}Tc	全　身	0.25	1	0.2
^{131}I	甲状腺	8.0	30*	7.9
^{137}Cs	全　身	1.1×10^4	70	69.6
^{226}Ra	骨	5.8×10^5	900**	899***

（国際放射線防護委員会報告，ICRP（1959）より．）
近年，＊：138日，＊＊：44年，＊＊＊：43年という値も報告されている．

T_{eff}が次式によって定義されている．

$$\frac{1}{T}+\frac{1}{T_b}=\frac{1}{T_{\text{eff}}} \qquad 1.25$$

TとT_bのどちらかがきわめて長いとT_{eff}は短いほうに近く，両方とも短ければ中間的な値となる．いくつかの代表的な核種が可溶性の化学種として成人に取り込まれた場合について，推定されている実効半減期の例を**表 1-7**に示す．とくに骨に集積を示す^{90}Sr, ^{226}Ra, ^{239}Pu などに対してこれらの放射性核種の排出剤として EDTA などのキレート剤が使用されている．

D. 天然に存在する放射性核種

　自然界に存在する放射性核種を天然放射性核種とよぶが，これは人工的につくられた放射性核種，すなわち人工放射性核種と対比した用語である．
　$_{84}$Po より原子番号が大きな元素はすべて放射性であり，$_{92}$U までの9種の元素は天然放射性核種として自然界に存在する．これらのほかに，かなり多数の天然放射性核種が見出されている．これらは通常その起因に基づいて，次の4つに分類される．

　　　一次放射性核種　primary radionuclides
　　　二次放射性核種　secondary radionuclides

誘導放射性核種　induced radionuclides
消滅放射性核種　extinct radionuclides

　天然に存在する代表的な放射性核種には ^{3}H（T），^{7}Be，^{14}C，^{222}Rn，^{238}U などがある．これらの天然放射性核種のほかに，大気圏内核爆発実験，原子力発電所の事故，使用済み核燃料の再処理などにおいて，地球上の放射能レベルを高めている**人工放射性核種** ^{85}Kr，^{90}Sr，^{137}Cs などがある．

　これらの自然界に存在する放射性核種のうち ^{3}H は HTO となり ^{14}C は ^{14}CO$_2$ となり，植物の炭酸同化作用を通して植物体に，また食物や呼吸を通して動物の体内に存在することになる．

1 一次放射性核種および消滅放射性核種

　前者は原始放射性核種ともよばれ，これらは地球の元素の創生のとき，すなわち $(5〜10)\times 10^9$ 年前から存在し，半減期が非常に長い（10^8 年以上）ために現在まで壊変しつくさずに残っている放射性核種である．それらの中で ^{238}U，^{235}U，^{232}Th は，これらを出発物質として，それぞれ一群の壊変系列を構成している．出発物質である親核種は，α 壊変や β 壊変を次々に行って娘核種を生成し，最終的には ^{238}U の系列（ウラン系列）は鉛の安定同位体 ^{206}Pb に，^{235}U の系列（アクチニウム系列）は ^{207}Pb に，^{232}Th の系列（トリウム系列）は ^{208}Pb になる．これらの壊変系列を図 1-11〜13 に示す．

　各系列に属する放射性核種の質量数は，ウラン系列では $4n+2$，アクチニウム系列では $4n+3$，トリウム系列では $4n$ で表されるので（n は整数），これらの系列をそれぞれ $4n+2$，$4n+3$，$4n$ 系列とよぶ．天然には ^{238}U が多いので，これらのうちウラン系列の核種が広く自然界に存在する．

　ウラン，アクチニウム，トリウム系列に共通して認められる点は，親核種の半減期が非常に長いこと，最終生成物がすべて鉛の安定同位体であること，壊変系列の途中で必ずラドンの同位体を生じることなどである．ラドンは不活性ガスであるが，ラドンの α 壊変によって生じるポロニウム以降の元素は固体となって容器の器壁に沈着するので，放射性沈積物とよばれる．

　理論的には $4n+1$ の系列の存在の可能性も検討されたが，出発物質が消滅放射性核種の ^{237}Np であったために自然界には見出されなかった．のちに ^{237}Np が

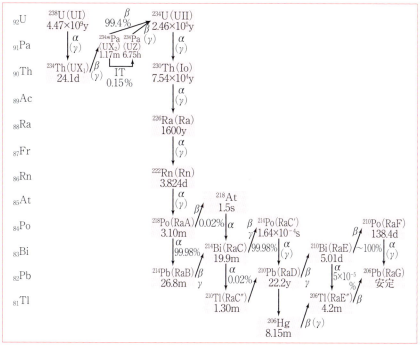

図1-11. ウラン系列（4n+2系列）

人工的につくられて，この系列が確認され，ネプツニウム系列とよばれている．
　壊変系列を構成する放射性核種の同位体存在比，半減期，最終生成核種およびその存在比を表1-8に示す．
　また ^{238}U と ^{235}U は，それぞれ 6.5×10^{15} 年と 1.9×10^{17} 年の半減期で，核壊変と並行して自発核分裂を行うことも知られている．
　ウラン，トリウムの天然放射性核種は，閃ウラン鉱やカルノー石などのようなウラン鉱物や，モナズ石などのようなトリウム鉱物に多く含まれている．また岩石，土壌，河川水，海水などにも微量ながら広く含まれている．表1-9に天然物中のウランおよびトリウムの濃度を示す．
　天然には，壊変系列をつくらないかなりの数の放射性核種が存在する．それらはいずれも長い半減期（10^9 年以上）をもつ一次放射性核種で，1回の壊変で安定な核種に変わるものばかりである．放射線のエネルギーが弱かったり，半

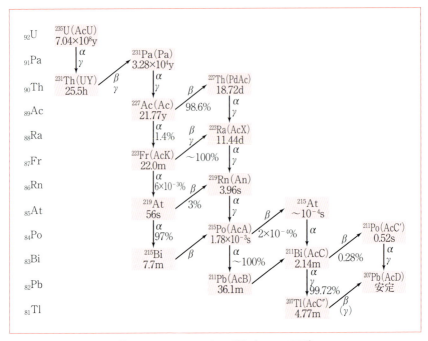

図 1-12. アクチニウム系列（4n+3 系列）

表 1-8. 壊変系列を構成する放射性核種

系 列 名	放射性核種	同位体存在比(%)	半減期（年）	最終生成核種	同位体存在比(%)
ウ ラ ン 系 列 （4n+2 系列）	^{238}U	99.274	4.468×10^9	^{206}Pb	24.1
アクチニウム系列（4n+3 系列）	^{235}U	0.720	7.04×10^8	^{207}Pb	22.1
ト リ ウ ム 系 列 （4n 系列）	^{232}Th	100	1.405×10^{10}	^{208}Pb	52.4
ネプツニウム系列（4n+1 系列）	^{237}Np	—	2.14×10^6	^{209}Bi	100

表 1-9. 天然物中のウランおよびトリウム含有量

	ウラン濃度	トリウム濃度
玄 武 岩	0.83 g/ton	5.0 g/ton
花 崗 岩	3.95 〃	12.95 〃
堆 積 岩	1.2〜4 〃	1〜10 〃
海 水	2.5×10^{-6} g/L	5×10^{-9} g/L
河 川 水	$\sim 10^{-6}$ 〃	2×10^{-8} 〃

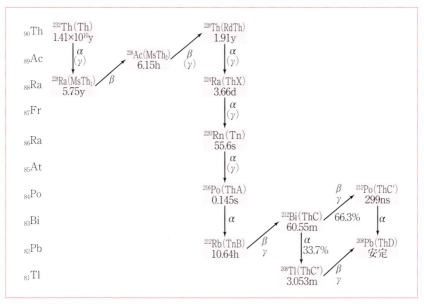

図 1-13. トリウム系列（4n 系列）

減期があまりにも長いために，それらのほとんどは放射線測定技術の進歩のおかげで発見された．現在では，表 1-10 に示すような放射性核種の存在が確認されている．表 1-10 の中でとくに注目すべきものは ^{40}K である．^{40}K は安定同位体の ^{39}K，^{41}K とともに岩石，水，生体などに広く分布し，人体に放射能の影響を与える主要な核種である．平均的成人は体重の 0.2 % に当たるカリウムを含むので，人体中の ^{40}K の放射能を推定すると約 3.9 kBq となる．また ^{40}K，^{87}Rb，^{187}Re は岩石や鉱物の地質年代の測定に利用されている．

元素の創生のときには存在していたが，半減期が十分に長くない（$10^6 \sim 10^8$ 年）ため現在では完全に壊変してしまったと考えられる核種がある．これらの消滅放射性核種とよばれる核種が，壊変生成物やいん石の同位体存在比の研究から，かつては地球上に存在していたと認められている．半減期が 1570 万年の ^{129}I や半減期が 1030 万年の ^{146}Sm などが知られている．

表 1-10. 壊変系列をつくらないおもな放射性核種

核種	同位体存在比(%)	半減期(年)	壊変形式	放射線のエネルギー (MeV)	
				β, α	γ
^{40}K	0.0117	1.251×10^9	$\begin{cases} \beta^- & (89.3\%) \\ EC & (10.7\%) \end{cases}$	1.31	1.461
^{87}Rb	27.83	4.92×10^{10}	β^-	0.283	
^{115}In	95.71	4.41×10^{14}	β^-	0.50	
^{142}Ce	11.13	7.5×10^{16}	α	1.5	
^{144}Nd	23.80	2.29×10^{15}	α	1.85	
^{147}Sm	14.97	1.06×10^{11}	α	2.2	
^{176}Lu	2.59	3.78×10^{10}	β^-	0.43	$\begin{cases} 0.310, & 0.202 \\ 0.089 \end{cases}$
^{187}Re	62.60	4.35×10^{10}	β^-	0.0027	

2 二次放射性核種

これは一次放射性核種の壊変によって二次的に生成するものであって，半減期の長い親核種から絶えず供給されるので，親核種があるかぎり必ず存在する．壊変系列をつくる一次放射性核種の娘核種がこれに相当する．比較的半減期の長いものでは^{234}U（2.46×10^5年），^{231}Pa（3.276×10^4年），^{230}Th（7.538×10^4年），^{228}Th（1.912年），^{227}Ac（21.77年），^{226}Ra（1.600×10^3年），^{228}Ra（5.75年），^{222}Rn（3.823日），^{210}Po（138.37日），^{210}Pb（22.2年）などがある．^{222}Rnはその親核種が大地に含まれているので，雨が降ると大地から追い出されて空気中の濃度が増したり，地殻変動があると井戸水中の^{222}Rn濃度が高くなったりすることがある．

3 誘導放射性核種

自然界で起こる核反応によって定常的につくり出されている．これらの多くは宇宙線と大気成分との相互作用によって生成されるが，放射性鉱物中で起こる自発核分裂によって放出される中性子に起因するものもある．放射線測定技術の進歩とともに，多数の誘導放射性核種が発見されてきた．

一次宇宙線は，超新星や恒星などから放出され，宇宙磁場で加速された高エ

ネルギー（10^{-1}～10^{10}GeV）の荷電粒子，電子，および電磁波に対する総称であって，外気圏において約20個/cm^2 s の割合で降り注いでいる*．これらは約10 m の水の厚さに相当する大気層によって受けとめられ，空気成分の原子や分子と相互作用して**二次宇宙線を生じる．これがさらに空気成分の原子と核反応を行って，種々の放射性核種を生成する．表1-11 に示すように，宇宙線による放射性核種の生成率は比較的小さいものが多いので，これらの検出には低バックグラウンド放射能測定技術を必要とする．これらのうちで半減期が数カ月～数年の核種は，大気の混合・移動過程の調査におけるトレーサに，長半減期のもの（^{3}H，^{10}Be，^{14}C など）は生物や地球化学的試料の年代測定などに利用されている．

微弱放射能の測定技術の進歩に伴って，ウランやトリウムの鉱物中には表1-12 に示すような自発核分裂生成物や，中性子との核反応によって生じる放射性核種***が，微量ではあるが存在することが確認された．したがってウラン鉱物中では，表1-12 の核反応によって^{237}Np が常時供給されるために，すでに消滅してしまったネプツニウム系列の核種も（図1-14），超微量ではあるけれども存在している．

4 天然に分布する人工放射性核種

1945 年以降の度重なる大気圏内原水爆実験（1980 年11 月まで）やチャルノブイリ原子力発電所の事故（1986 年4 月），福島第一原子力発電所の事故（2011 年3 月）などによって，多量の核分裂生成物 fission product（FP）や^{3}H，^{14}C などが地球上に放出されてきた（米国スリーマイル島の原発事故では，希ガ

---

* 一次宇宙線のほとんどは荷電粒子であって，γ 線はわずかに含まれる程度である．荷電粒子のうち，陽子が90％以上を占め，α 粒子や電子は5％以下である．わずかではあるが，Li から原子番号26 の Fe までの原子核も含まれている．一次宇宙線のエネルギーは連続分布をとっているが，1～2GeV の成分が最も多い．

** 一次宇宙線が空気成分の原子核と衝突すると，π 中間子の生成（すぐにμ 中間子や高エネルギー光子に変わる），種々の核破砕反応，気体のイオン化などを引き起こす．1個の一次宇宙線からこれらがシャワー状に増加しながら生じる．核破砕反応によって発生した中性子はさらに核反応を起こして，^{3}H，^{14}C，^{39}Ar などを生成する．

*** ピッチブレンド中の中性子発生率は，約$5\times 10^{-2} g^{-1} s^{-1}$ といわれており，(α, n) 反応と自発核分裂による中性子発生の寄与はほぼ等しい．

表 1-11．宇宙線起源のおもな誘導放射性核種

核種	半減期	壊変形式	生成率（原子数/m²s）	地球上の推定量（kg）	存在
^{3}H*	12.32 y	β^-	2.5×10^3	3.5	雨水，陸水など
^{7}Be	53.22 d	EC	8.1×10^2	3.2	雨水
^{10}Be	1.51×10^6 y	β^-	4.5×10^2	4.3×10^5	海底土
^{14}C*	5730 y	β^-	2.3×10^4	7.5×10^4	大気，生体，海水
^{22}Na	2.602 y	β^+	8.6×10^{-1}	1.9×10^{-3}	海水
^{26}Al	7.17×10^5 y	β^+	1.6	1.1×10^3	堆積土
^{32}Si	132 年	β^-	1.6	2.0	海水，堆積土
^{32}P	14.26 d	β^-	8.1	4×10^{-4}	雨水
^{33}P	25.34 d	β^-	6.8	6×10^{-4}	雨水
^{35}S	87.51 d	β^-	1.4×10	4.5×10^{-3}	雨水
^{36}Cl*	3.01×10^5 y	β^-	1.1×10	1.5×10^4	塩素を含む岩石，鉱物
^{39}Ar*	269 y	β^-	5.6×10	2.2×10	大気

* ^{14}N(n, t)^{12}C，^{14}N(n, p)^{14}C，^{35}Cl(n, γ)^{36}Cl，^{38}Ar(n, γ)^{39}Ar など，中性子との反応で生成する．これらのほかは，陽子やα粒子によるO，N，Arの核破砕反応で生じる．

を除き放射性物質の漏出は，ごくわずかであった）．大気圏内核爆発で生じる「放射性降下物 radioactive fallout」は，対流圏のみでなく成層圏まで吹き上げられたのちしだいに降下する．その中に含まれる比較的半減期の長い核種，たとえば^{90}Sr，^{137}Csや^{239}Puなどが蓄積されて，地球上の放射能レベルを高めている．わが国では中国の核実験によって^{137}Csの大気中濃度が高くなり，ようやく以前のレベルに戻ったところ，チェルノブイリ原発の事故によって一時的ではあるが増加した．また1960年代の核爆発実験において，発生した多量の中性子によって大気中で^{14}N (n, t)^{12}C および^{14}N (n, p)^{14}C の核反応が起こり，^{3}H や^{14}C の濃度が増した．現在では核実験前のレベルの10%増し程度に落ち着いている．

わが国においてもこれらの問題との関連で，魚介類を対象として生態学的研究が系統的に行われ，キンギョの消化管でのこれらの放射性核種の吸収が大きいことなどが報告されている．その他の核種でも消化管など内臓に濃縮されていることが多く，一般に濃縮係数は10から100程度の値が知られている．第2次捕食者ではさらに大きくなり数千という値も報告されている．このように動

表 1-12. ウラン，トリウム鉱物中に存在する誘導放射性核種

核種	半減期	生成過程	存在
核分裂生成物	—	^{235}U, ^{238}U または ^{232}Th の核分裂	ウラン，トリウムを含む岩石，鉱物
^{233}U	1.592×10^5 y	^{232}Th (n, γ) ^{233}Th $\xrightarrow[22.3 \text{ m}]{\beta^-}$ ^{233}Pa $\xrightarrow[26.967 \text{ d}]{\beta^-}$ ^{233}U	トリウム鉱物
^{237}Np	2.14×10^6 y	^{238}U $(n, 2n)$ ^{237}U $\xrightarrow[6.75 \text{ d}]{\beta^-}$ ^{237}Np	ウラン鉱物
^{239}Pu	2.411×10^4 y	^{238}U (n, γ) ^{239}U $\xrightarrow[23.45 \text{ m}]{\beta^-}$ ^{239}Np $\xrightarrow[2.356 \text{ d}]{\beta^-}$ ^{239}Pu	ウラン鉱物

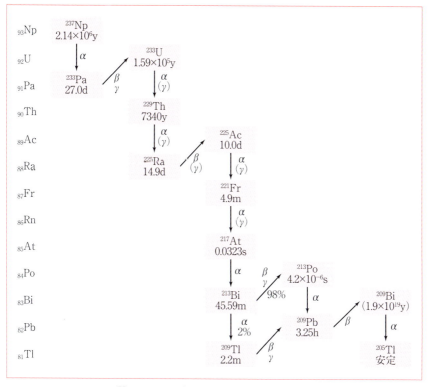

図 1-14. ネプツニウム系列（4n+1 系列）

物は**食物連鎖**を通して特定の核種を濃縮することが明らかとなっている．また近年，医療用に使用され排出された ^{99}Tc なども海底に蓄積されている．

　最近では，原子力発電によって多量に生じる使用済み核燃料の再処理の問題が起こっているが，早期に解決する必要がある．

― 演習問題 ―

問1. 次の核種のなかで，半減期が最も短い核種はどれか．一つ選べ．
(診療放射線技師国家試験 平成20年出題を診放技国試 平成20年と略記する)
  a. ^{14}C b. ^{18}F c. ^{90}Sr d. ^{131}I e. ^{137}Cs

問2. 次の核種のなかで，ミルキングに使われない核種はどれか．一つ選べ．
  a. ^{59}Fe b. ^{68}Ge c. ^{90}Sr d. ^{137}Cs e. ^{226}Ra

問3. 次の壊変のうち原子番号が1だけ大きくなる壊変はどれか．一つ選べ．
(診放技国試 平成13年)
  a. α壊変 b. β^-壊変 c. β^+壊変 d. 軌道電子捕獲
  e. 核異性体転移

問4. 半減期2時間の核種Aと半減期3時間の核種Bがある．最初の放射能が等しいとき，Aの放射能/Bの放射能=1/4になるのは何時間後か．
(診放技国試 平成23年類題)

問5. 物理的半減期6時間で生物学的半減期が1日である放射性医薬品の有効半減期はいくらか．(診放技国試 平成16年類題)

問6. 過渡平衡にある核種があり，親核種の放射能と娘核種の放射能を同じ計数効率で測定できるとする．娘核種の半減期の100倍を超えた時点では，全体の放射能は親核種の放射能のおよそ何倍になるか．

問7. Na$_2$H^{32}PO$_4$ 1gがある．28日後のこの物質の放射能はいくらか．ただし，^{32}Pの半減期は14日とする．

問8. 陽電子が消滅するときに0.51 MeVの消滅γ線を2本放出する．電子の静止質量を9.1094×10^{-31}kgとして合計して電子2個の質量がエネルギーに換算すると1.02 MeVになることを計算せよ．

問9. 次の核種のうち永続平衡をもつ核種を3つ選べ．
  a. ^{68}Ge b. ^{81}Rb c. ^{90}Sr d. ^{99}Mo e. ^{140}Ba

2章

原子核の性質と核反応

SUMMARY

　日常の私たちにはなじみのない原子核であるが，原子力発電所では ^{235}U の原子核反応を利用してエネルギーを得ている．夜空に輝く無数の恒星では核反応が起こっている．太陽も同様であり，その結果，地球には暖かさと明るさがある．この章では原子核の多様な性質を理解して，核反応はどんな原理で起こるのか，また原子核の不安定性が原子核の崩壊をもたらすことなど原子核の基礎的な性質について学ぶ．

A. 原子核の構造と性質

1911年Rutherfordが行った金属箔によるα線の散乱実験によって,原子核の存在が初めて確認された.それ以来,原子や原子核の構造と性質について,多くのことが明らかにされてきた.

原子核は陽子と中性子から構成されており,核子1個当たりの結合エネルギーは水素とヘリウム原子を除くと,核全体にわたってほとんど均一である(図2-1).したがって原子の質量はほとんど原子核内の狭い空間に集中している.核子を相互に結びつけているエネルギーは非常に大きく,その力はきわめて短距離の間でしか働かない.また,原子核には安定なものと,不安定でほかの原子核に変換するものとがある.

1 原子核の大きさと核力の特徴

原子核を近似的に球形とみなすと,その半径Rは質量数Aを用いて次の2.1でよく表される.

$$R = r_0 A^{1/3} \qquad 2.1$$

α壊変におけるα線のエネルギーと半減期との関係,および陽子やα粒子によ

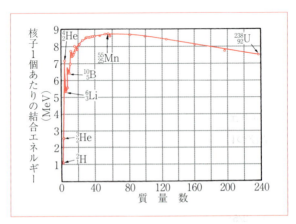

図2-1. 原子核中の核子1個当たりの平均結合エネルギーと質量数の関係

る核反応断面積などの核力に関する現象から $r_0 = 1.4 \times 10^{-13}$ cm,高エネルギー電子の散乱のように核の電荷分布に関する現象から $r_0 = 1.2 \times 10^{-13}$ cm と見積もられている.一般に核の半径を見積もるときには,後者の値が用いられている.

2.1 から,陽子と中性子は電荷の有無に関係なく等しく核力に寄与すること(荷電独立性)や,核の密度はおよそ 2.8×10^{14} g/cm³ と一定であること(密度の飽和性)がわかる.また,核の結合エネルギーの飽和性は,1つの核子と相互作用する核子の数が限られていることを示す.以上のことから,核子間に働く力(核力)は化学結合におけると同様に交換力であり,10^{-13} cm 程度に接近したときに働く近距離力であると推定される.

原子核の電気四極子モーメントの測定から*,多くの核は厳密には偏長または偏平回転楕円体であることが示されている.

2 原子核の結合エネルギー

質量保存の法則によると,原子の構成粒子から 2.2 に従って計算される原子質量 m_cal は,単純には実験的に求められる値 m_obs と等しくなければならない.

$$\begin{aligned} m_\mathrm{cal} &= Zm_\mathrm{p} + N_\mathrm{n} m_\mathrm{n} + Zm_\mathrm{e} \\ &= Zm_\mathrm{H} + N_\mathrm{n} m_\mathrm{n} \end{aligned} \quad 2.2$$

ここで m_p, m_n, m_e, m_H はそれぞれ陽子,中性子,電子(静止),水素原子($A=1$)の質量であり,Z は原子番号,N_n は中性子の数である.実際に求めてみると $^1\mathrm{H}$ を除けばつねに

$$\Delta m = m_\mathrm{cal} - m_\mathrm{obs} > 0 \quad 2.3$$

となる.Δm を質量偏差あるいは質量過剰 mass excess とよび,MeV または u の単位で表す.

Einstein の「質量とエネルギーの等価原理」に基づき,この Δm は原子核中で核子を相互に結びつける結合エネルギー B_e に変換されたものと解釈されるようになった(c は真空中における光の速度).

---

* 核スピン I の方向に半径 a,それと垂直の方向に半径 b をもつ回転楕円体の電気四極子モーメントは $Q = (2/5) Ze (a^2 - b^2)$ で表され,$I = 0$ または $1/2$ の核では $Q = 0$ である.一核の電荷分布は,$Q/e > 0$ ではスピン軸近傍に正電荷が集まった縦長のラグビーボール形,$Q/e < 0$ ではスピン軸から正電荷が遠のいた横長のラグビーボール形となる.

$$B_e = \Delta mc^2 \qquad 2.4$$

ここで結合エネルギーがどの程度であるかを見るために，^{4}He 原子について計算してみよう．

$$\Delta m = (2 \times 1.007276 + 2 \times 1.008665) - 4.002603$$
$$= 0.029279 [u] = 27.26 [MeV]^* \qquad 2.5$$

ふつう化学反応のエネルギーは数百 kJ mol^{-1} であるが，これを電子ボルト単位にすると 1 つの結合当たり数 eV に過ぎない．したがって，^{4}He では，原子核を構成する核子の結合に化学反応の場合の 1,000 万倍ものエネルギーが使われていることになる．

この結合エネルギーは核種によって異なるが，原子番号が大きくなるにつれて増大する．しかし前述のように，結合エネルギーは核子の種類に関係がないので，A を陽子と中性子の数の和とすると，核子 1 個当たりの**平均結合エネルギー**，B_e/A で見ると，核種の特徴が明確になる．その関係を図 2-1 に示す．図から明らかなように，最初は質量数が増すと，多少のギザギザを伴いながら急激に増大していき，^{55}Mn，^{56}Fe，^{58}Ni，^{59}Co 付近のなだらかな極大（核子 1 個当たりの結合エネルギーが飽和）を経たのち，次第に減少している．

$A = 55 \sim 60$ の原子核では核子間の結合エネルギーが最も大きく，最も安定である．実際，地球の中心部が鉄やニッケルから構成されていることと関係がある．このことは，不安定な原子核をより安定な原子核に変換すると，莫大なエネルギーが解放されることを示している．一つには水素の同位体から He の原子核をつくる核融合であり，もう一つは U のような重い核を 2 つの軽い核に壊す核分裂である．

原子核の結合エネルギー B_e は，核の液滴モデルから Weizäcker の次の半実験的質量公式で与えられる．

$$B_e (\text{MeV}) = 14.0\,A - 19.3(N_n - Z)^2/A - 0.585 Z^2/A^{1/3} - 13.05\,A^{2/3} + \delta/A$$

ここで，第 1 項は核子の総数に比例するエネルギー，第 2 項は中性子/陽子の比に関する項（非対称エネルギー），第 3 項は陽子間の静電反発力に関する項，第

---

* 1 u の質量をエネルギーに換算すると，$E = mc^2$ より，
  $1.6605 \times 10^{-27} \text{kg} \times (2.99792458 \times 10^8 m\ s^{-1})^2$
  $= 1.4924 \times 10^{-10}$ J
  $= 931.5$ MeV

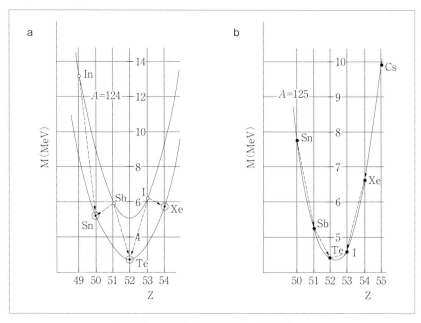

図 2-2. 質量数 124 と 125 の質量放物線
縦軸は静止エネルギー
a：$A=124$ の同重核の質量放物線
b：$A=125$ の同重核の質量放物線

4 項は表面張力に関する項，第 5 項は奇偶効果に関する項で，$\delta = +130$（偶偶核），-130（奇奇核），0（奇偶核）である．
これを原子番号 Z の項で書くと，

$$R_c = aZ^2 + bZ + c + A^{-1}$$

となり，質量数 A が与えられると，質量数と結合エネルギーとの関係は図 2-2 に示されるように放物線で示される．

この図は，質量数 A を定めると，安定な N_n/Z 比をもつ核種（図で結合エネルギーが最小になっている核種）よりも中性子が過剰のときは n→p+β 反応が起こり，つまり β^- 壊変が起こり，中性子不足の場合は p→n+β^+ または p+e→n となり，β^+ または電子捕獲反応が起こることを示している．不安定さの程度が大きいほどその放射性核種は半減期が短い．A が偶数の核種では偶偶核

か奇奇核かによって2つの放物線が描かれる．このため，不安定な核種は2つの放物線をまたがりながら安定核種へと崩壊することになる．このため2つの安定核種への崩壊も起こりうる．

3 原子核のモデル

　適当なモデルに基づき，原子核の諸性質を総合的に説明しようとする試みがなされてきた．比較的古くから提案されている代表的なモデルの一つが液滴モデルである．これは，原子核の密度および核子1個当たりの結合エネルギーの飽和現象が液滴のもつ性質に似ていることから考えられた．ここで結合エネルギーは液体の分子間力に相当する．

　図2-1の極大から左側の核では，軽くなるほど結合エネルギーが減少している．これは，液滴が小さくなるほど表面積が減って表面張力のエネルギーが低下するのに対応する．極大から右側でなだらかに減少しているのは，核中に含まれる陽子数が増すので，それらの間の静電的反発が増加するためと考えられている．さらに，中性子が多くなり過ぎても核子当たりの結合エネルギーは弱くなる．

　原子核反応や核分裂反応は液滴モデルでよく説明することができる．入射粒子が原子核内に入ると，その運動エネルギーが核内の温度を上昇させ，蒸発するかのように粒子が核内から放出される（図2-3参照）．また核分裂も，大きな水滴にエネルギーが与えられるとき，真中付近がくびれて2つの水滴にちぎれる現象に似ている（図2-5a参照）．

　1938年Weizäckerはこのモデルをより精密化し，$A>15$の中性原子の質量をZとAおよびN_p-N_nの奇偶性によって表す半実験計算式を提案し，成功を収めた．これによって，β壊変に対する核種の安定性が推定できる．ただし軽い核種に対して，またとくにZやN_nが2, 8, 20, 28, 50, 82, など（魔法数 magic number, 中性子では126も）の核種に対しては計算値が合わない．魔法数をもつ核種はすべて非常に安定であって，自然界における安定同位体の存在割合も大きい．

　この問題を解決するために考案されたのが，殻模型 shell modelである．とびとびの値をとる魔法数は，核外電子が希ガス型の閉殻構造をとるとき化学的に

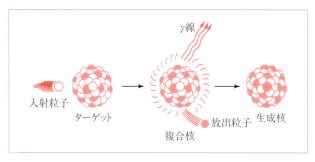

図 2-3. 核反応の模型

安定であることを思い出させる．したがって原子核に対する殻模型では，エネルギー準位をある量子数の組によって指定し，エネルギー準位の低い軌道からパウリーの排他原理に基づいて核子を充填していくという方法が適用された．これによって基本的には魔法数や核異性体の説明ができるようになり，さらにいくつかの修正が加えられている．

　原子核中の核子間に働く核力の本質に関する手がかりは，1934 年湯川秀樹によって提案された中間子理論である．これによると，中間子（電子の約 200 倍の質量をもつ）が仲立ちをして，陽子と中性子の間で交換が起こり，交換力としての核力が生じる．わずか 2 年後に，湯川の予言した中間子は宇宙線の中に見出された．

　その後，急速な素粒子論の進歩と，高エネルギー加速装置の開発によって素粒子の種類は増え続け，多くの素粒子が報告されてきた．現在では究極の素粒子として 6 種類のクォーク quark が提案された．クォークモデルによると，従来素粒子と考えられていたもののほとんどは，6 種のクォークのいくつかの組み合わせによって説明される．

B. 原子核反応

　図 2-1 に示すように，原子核は核子 1 個当たり 5～9 MeV という莫大なエネルギーで結合しているので，化学反応によってある原子核を別種のものに変えることはできない．これがエジプト文明以来，卑金属を貴金属に変えようとし

た錬金術がいずれも不成功に終わった理由である．

1919年にRutherfordはRaC'（^{214}Po）からのα粒子（7.69 MeV）を窒素原子に衝突させると，酸素原子と陽子が生成する現象を見出した．これが原子核の人工変換の最初の例であり，次の反応式で表される．

$$^{14}_{7}\text{N} + ^{4}_{2}\text{He} \longrightarrow ^{17}_{8}\text{O} + ^{1}_{1}\text{H}$$

1934年Joliot-Curie夫妻はアルミニウムをα粒子で衝撃したあと，α線源を取り去ったのちの強度は，天然の放射性同位体の放射能の減衰と同じ法則に従って減少することを見出した．Rutherfordの原子核反応で得られた^{17}Oは安定核種であったが，Joliot-Curieの得た^{30}Pは初めての人工放射性核種であった．

$$^{27}_{13}\text{Al} + ^{4}_{2}\text{He} \longrightarrow ^{30}_{15}\text{P} + ^{1}_{0}\text{n}$$

$$^{30}_{15}\text{P} \xrightarrow[2.5\text{ m}]{\beta^+} ^{30}_{14}\text{Si} \text{（安定）}$$

初期の研究は，これらの例のように天然放射性核種から放出される高エネルギーのα粒子や，そのα粒子をベリリウムなどに当てて発生する中性子*を原子核に衝撃して得る原子核反応に限られていた．しかし現在では，原子炉やいろいろなタイプの加速器を利用して，多くの放射性核種が製造されている．

一方，1939年HahnとStrassmannは減速した中性子によるウランの誘導核分裂を発見し，原子核エネルギーの利用に道を拓いた．これらの核エネルギーの利用は，過去において核兵器の開発に重点が置かれてきたが，現在では原子力発電に代表される平和利用の役割が急激に増大している．太陽や恒星では，元素の合成が水素やヘリウムなどの軽元素の核融合反応で起こっており，発生した粒子が宇宙全体に発散されている．

---

* BotheとBeckerにより，$^{9}_{4}\text{Be} + ^{4}_{2}\text{He} \longrightarrow ^{12}_{6}\text{C} + ^{1}_{0}\text{n}$の反応が見出され，Chadwickによる中性子の発見への糸口となった．この反応では平均して4 MeVの中性子が発生する．^{226}Raから放出されるα線を^{9}Beに当てて中性子を得る手段に使われ，ラジウム・ベリリウム線源とよばれている．
  熱中性子による核反応のように，入射粒子のエネルギーが低い場合に適した反応モデルである．入射粒子のエネルギーが高い（d, p）反応では，重陽子イオンが標的核をかすめて飛ぶときに中性子が核内に取り込まれる．

1 核反応の性質

　前述の例のように，1つの原子核をある粒子で衝撃し，別種の原子核に変換させる反応を核反応という．核反応を大きく分けると，荷電粒子（α粒子，陽子，重粒子など）による反応と中性粒子（中性子，γ線）による反応に分けられる．図2-3に示すように，まずもとの原子核が入射粒子のエネルギーを吸収して，励起した複合核をつくり*，$10^{-14} \sim 10^{-15}$ 秒後に別の原子核に変わって，余分のエネルギーを粒子または電磁波として放出する．

　一般に，$^{A_1}_{Z_1}X$ というターゲット（標的核）に入射粒子 $^{A_2}_{Z_2}x$ が衝突して相互作用し，$^{A_3}_{Z_3}Y$ という原子核が生成すると同時に，$^{A_4}_{Z_4}y$ の粒子または電磁波を放出する反応を次のように表す．

$$^{A_1}_{Z_1}X + ^{A_2}_{Z_2}x \longrightarrow ^{A_3}_{Z_3}Y + ^{A_4}_{Z_4}y \text{ または } ^{A_1}_{Z_1}X(^{A_2}_{Z_2}x,\ ^{A_4}_{Z_4}y)^{A_3}_{Z_3}Y$$

核反応式を書くとき，打ち込む，あるいは放出される小さな粒子や光子は（　）の中に書く．X(x, y)Y の X, x はそれぞれターゲット（標的），入射粒子であり，Y, y はそれぞれ生成核，放出粒子である．この核反応方程式を完結させるためには，元素記号の左下に書かれる原子番号および左上に書かれる質量数が，式の左右で釣り合っていなければならない．すなわち

$$Z_1 + Z_2 = Z_3 + Z_4 \qquad 2.6$$
$$A_1 + A_2 = A_3 + A_4 \qquad 2.7$$

の関係が成り立たなければならない．

　また反応の前後において，質量および運動エネルギーが系全体として保存されていなければならない．X, x, Y, y の核種の質量を M_X, M_x, M_Y, M_y とし，Einstein の質量とエネルギーの相互交換の式を用いると，

$$(M_X + M_x) \cdot c^2 = (M_Y + M_y) \cdot c^2 + Q \qquad 2.8$$

の関係が成り立つ．Q は核反応のエネルギーであって，化学反応式における反応熱と同じである．前述の Joliot-Curie の核反応を例にとると

$$^{27}_{13}\text{Al} + ^{4}_{2}\text{He} \longrightarrow ^{30}_{15}\text{P} + ^{1}_{0}\text{n} + Q$$

$$\begin{aligned}
Q &= \{M(^{27}_{13}\text{Al}) + M(^{4}_{2}\text{He})\} - \{M(^{30}_{15}\text{P}) + M(^{1}_{0}\text{n})\} \\
&= (26.981541 + 4.002603)\text{u} - (29.978310 + 1.008665)\text{u} \\
&= -0.002831\ \text{u} \\
&= -2.64\ \text{MeV} \qquad\qquad 2.9
\end{aligned}$$

この反応は $Q<0$ であるから吸熱反応で，エネルギーを吸収して生成系の質量が増加する必要があるので，入射粒子を加速しなければならない．運動量保存の法則により，入射する α 粒子の運動エネルギーの一部は系の運動エネルギーに消費されるので，次に示すしきい値より大きなエネルギーに加速しないと，核反応は実際に進行しない．

$$\begin{aligned}\text{しきい値} &= -Q(1+\frac{M_\text{X}}{M_\text{X}}) \\ &= -(-2.64)\times(1+\frac{4.002603}{26.981541}) \\ &= 3.03 \text{ MeV}\end{aligned} \qquad 2.10$$

これらの計算において，原子核の質量ではなく原子の質量を用いても，軌道電子からの寄与は，よい近似で引き去られるので差し支えない．

$Q>0$ のときは発熱反応であり，エネルギーの放出を伴って生成系の質量が減少する．しかし入射粒子が荷電粒子の場合，反応系での原子核の接近においてクーロン斥力が働くので，入射粒子を加速しなければならない．入射粒子が中性子の場合，クーロン斥力が働かないので容易にターゲット内に入って，中性子が原子核の近傍にいる時間が長くなるので，反応しやすくなり，(n, γ)，(n, p)，(n, α) 反応などを起こす．一般に中性子の速度に反比例して反応断面積は大きくなる．

ターゲットに入射した粒子のすべてが核反応を起こすわけではない．たとえば，3 MeV の陽子でリチウムの厚いターゲットを衝撃した場合，実際に起こる ^{7}Li (p, α)^{4}He 反応は，ターゲット中に打ち込んだ陽子 2,000 個当たりに約 1 回の割合である．

いま問題の核反応を起こす原子核を n (m^{-3}) の密度で含む薄いターゲット（体積 Vm^3）が，均一な入射粒子の流れの中に置かれたとする．入射粒子の流速 flux を f (m^{-2} s^{-1}) とすると，単位時間に起こる核反応の数 N (s^{-1}) は次式で与えられる．

$$N = \sigma f n V \qquad 2.11$$

σ は比例定数であって面積の次元 (m^2) をもつので，断面積 cross section とよばれる*．短寿命の核種が生成される場合には，反応中に生成核種の崩壊も起こるので，その崩壊定数を λ，衝撃時間を t とすると，実際に観測される核種の生成数は照射中の減少を無視すると，

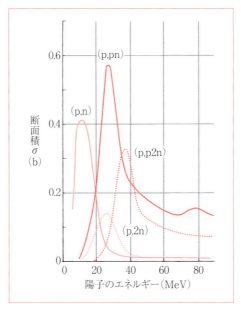

図 2-4. ^{63}Cu に陽子を衝撃したときの励起関数

$$N = \sigma fn V(1 - e^{-\lambda t}) = \sigma fn V(1 - (1/2)^{t/T})$$

となる．

入射粒子が原子核と衝突する全断面積を σ_t，弾性衝突をするときの散乱断面積を σ_s，核反応をするときの核反応断面積を σ_r とすると，これらの間には次の関係がある．

$$\sigma_t = \sigma_s + \sigma_r \tag{2.12}$$

断面積は核反応ごとに異なるとともに，入射粒子のエネルギーによっても変化するので，断面積を入射粒子のエネルギーの関数で表した $\sigma(E)$ を励起関数という．例として図 2-4 に，^{63}Cu(p, n)^{63}Zn，^{63}Cu(p, 2n)^{62}Zn，^{63}Cu(p, pn)^{62}Cu，^{63}Cu(p, p2n)^{61}Cu 反応の励起関数を示す．熱中性子に対して反応断

---

* 原子核の幾何学的断面積は，平均半径 6×10^{-15} m を用いて計算すると約 10^{-28} m^2 となる．したがって σ を 10^{-28} m^2 単位で表し，その単位をバーン barn とよんでいる（$1\text{b} = 10^{-28}$ m^2 $= 10^{-24}$ cm^2）．

表 2-1. 中性子によるおもな核反応

核反応の形式	おもな核反応の例
(n, γ)	^{23}Na(n, γ)^{24}Na, ^{27}Al(n, γ)^{28}Al, ^{31}P(n, γ)^{32}P, ^{34}S(n, γ)^{35}S ^{44}Ca(n, γ)^{45}Ca, ^{54}Fe(n, γ)^{55}Fe, ^{59}Co(n, γ)^{60}CO ^{109}Ag(n, γ)^{110m}Ag, ^{176}Lu(n, γ)^{177}Lu, ^{197}Au(n, γ)^{198}Au
(n, γ)$\xrightarrow{\beta^-, EC}$	^{76}Ge(n, γ)^{77}Ge$\xrightarrow{\beta^-}$^{77}As, ^{98}Mo(n, γ)^{99}Mo$\xrightarrow{\beta^-}$^{99m}Tc ^{110}Pd(n, γ)^{111}Pd$\xrightarrow{\beta^-}$^{111}Ag, ^{124}Sn(n, γ)^{125}Sn$\xrightarrow{\beta^-}$^{125}Sb ^{130}Te(n, γ)^{131}Te$\xrightarrow{\beta^-}$^{131}I, ^{130}Ba(n, γ)^{131}Ba$\xrightarrow{EC}$^{131}Cs ^{146}Nd(n, γ)^{147}Nd$\xrightarrow{\beta^-}$^{147}Pm, ^{198}Pt(n, γ)^{199}Pt$\xrightarrow{\beta^-}$^{199}Au
(n, p)	^{10}B(n, p)^{10}Be, ^{14}N(n, p)^{14}C, ^{32}S(n, p)^{32}P, ^{35}Cl(n, p)^{35}S ^{45}Sc(n, p)^{45}Ca, ^{58}Ni(n, p)^{58}Co, ^{59}Co(n, p)^{59}Fe
(n, α)	^{6}Li(n, α)^{3}H, ^{10}B(n, α)^{7}Li, ^{35}Cl(n, α)^{32}P, ^{40}Ca(n, α)^{37}Ar
(n, 2n)	^{238}U(n, 2n)^{237}U
(n, n′)	^{103}Rh(n, n′)^{103m}Rh

面積の大きい^{10}B(n, α)^{6}Li および^{6}Li(n, f)^{3}H は熱中性子の検出に,高速中性子に対して反応断面積の大きい^{238}U(n, f) は高速中性子の検出に用いられている.p は陽子,n は中性子,d は重水素,α は$^4_2$He^{2+},γ は γ 線,f は核分裂 fission を示す.pn は陽子と中性子の両方を放出することを示す.

2 核反応による放射性核種の製造

放射性核種の製造のための最も強い線源は原子炉である.通常の原子炉では,核分裂とともに発生する高速中性子は,減速されてほとんど熱中性子となっている.たとえば表 2-1 に示すような核反応で,多くの放射性核種が製造されている.また燃料棒の再処理において多量の核分裂生成物が発生するので,必要な核種を分離して再利用することができる.

3 核分裂反応と核破砕反応

図 2-5a,b に模式的に示すように,ターゲットの原子核がほぼ等しい大きさ

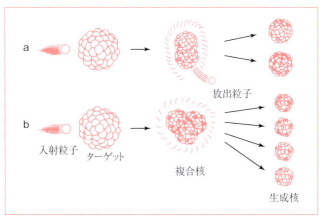

図 2-5. 核分裂反応と核破砕反応の模型
a：核分裂反応　b：核破砕反応

の核に割れたり，2つ以上のバラバラの細片になる核反応があり，前者を核分裂反応 nuclear fission reaction，後者を核破砕反応 nuclear spallation reaction とよんで区別している．

核分裂には，中性子や陽子などの入射粒子によって引き起こされる誘導核分裂と，原子核自体の性質として固有の半減期をもって起こる自発核分裂とがある．

図 2-1 から明らかなように，核子 1 個当たりの結合エネルギーは，ウランやトリウムのような重い原子核よりもそれらの約半分の質量の原子核のほうが大きい．したがって，重い原子核は，比較的軽い原子核と比較的重い原子核の2つの核に分裂する．反応前の重い原子核の N_n/Z 比が大きいため，生じた核分裂生成物 fission product（FP）の N_n/Z 比もかなり大きいものとなる．このため生じた核分裂生成物は次々と β^- 壊変を起こして最終安定生成物となる．

^{232}U，^{233}U，^{235}U，^{239}Pu，^{241}Am，^{242}Am などはエネルギーの小さな熱中性子（0.025 eV）または速中性子により*，^{232}Th，^{238}U，^{231}Pa などは速中性子によって誘導核分裂を起こす．これらの重い原子核は，中性子過剰であるのでたとえ

＊　核分裂の反応断面積は一般的に熱中性子のほうが大きい．たとえば ^{235}U の σ_f は熱中性子で 577 b であるのに対して，2 MeV の中性子では 1.4 b である．

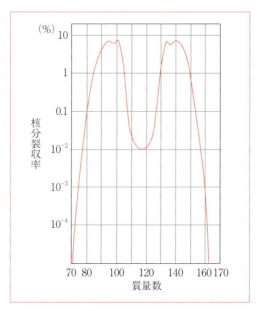

図 2-6. ^{235}U の低速中性子による核分裂の場合の核分裂収率曲線

表 2-2. 熱中性子による ^{235}U の核分裂におけるエネルギー分布

放出される時期	エネルギーの形態	エネルギー量 (MeV)
核分裂と同時に開放	核分裂片の運動エネルギー	175
	中性子の運動エネルギー	5
	γ 線のエネルギー	7
核分裂より遅れて開放 (核分裂生成物の壊変時)	β 粒子の運動エネルギー	7
	ニュートリノのエネルギー	10
	γ 線のエネルギー	6

ば熱中性子による ^{235}U の 1 個の原子の核分裂で,平均 2.43 個の即発中性子,2 個の核分裂片および平均 8 量子の γ 線を放出する.この核分裂は図 2-6 に示すように一般的に非対称であって,質量数 95 と 140 に極大,その中央の 118 に極小をもつという特徴がある.

核分裂現象は液滴モデルによってかなりよく説明される.核分裂によって莫

大なエネルギーが開放される．たとえば

$$^{235}_{92}\text{U} + ^{1}_{0}\text{n} \longrightarrow ^{99}_{40}\text{Zr} + ^{135}_{52}\text{Te} + 2^{1}_{0}\text{n} + 209 \text{ MeV}$$

の核分裂1回で開放されるエネルギーの平均値は約 209 MeV であって，表 2-2 に示すようにそのほとんどは核分裂片に運動エネルギーとして与えられる．原子炉では，これが熱エネルギーとなって連続的に取り出される．

即発中性子は減速されたのち次の核分裂を引き起こし，連鎖反応を継続させる．これと並んで，核分裂より遅れて発生する**遅発中性子**も原子炉の制御に重要な役割を果たしている＊．^{235}U の場合の例を次に示す．いくつかの核分裂生成物の壊変で放出される遅発中性子は，即発中性子に比べてエネルギーが低く（0.2～0.6 MeV），またその割合もきわめて少ない（0.64％）．現在，約 30 種に及ぶ遅発中性子放出核種が見出されている．

$$^{89}_{35}\text{Br} \xrightarrow[4.37 \text{ s}]{\beta^{-}} {}^{89}_{36}\text{Kr} \text{（励起状態）} \longrightarrow {}^{88}_{36}\text{Kr} \text{（安定）} + {}^{1}_{0}\text{n} \text{（平均 0.43 MeV）}$$

$$^{137}_{53}\text{I} \xrightarrow[24.5 \text{ s}]{\beta^{-}} {}^{137}_{54}\text{Xe} \text{（励起状態）} \longrightarrow {}^{136}_{54}\text{Xe} \text{（安定）} + {}^{1}_{0}\text{n} \text{（平均 0.56 MeV）}$$

核分裂で放出された原子炉中性子による ^{235}U の核分裂断面積は，熱中性子より 400 倍も小さいので，そのままでは核分裂連鎖反応の効率が悪い．そこで中性子吸収断面積の小さな軽い原子を含む，たとえば軽水，重水，グラファイトなどの**減速剤**中で高速中性子の弾性衝突を繰り返させ，熱中性子に変えて**連鎖反応**の効率を高めている．図 2-7 に核分裂連鎖反応を模式的に示す．

^{238}U や ^{232}Th を含む核燃料は，表 1-12 に示した**中性子捕獲反応**を行って核分裂性の ^{239}Pu や ^{233}U を生じる．そこで ^{238}U や ^{232}Th などを**核燃料親物質**という．

核分裂効率が悪くなった使用済み燃料は，それ自体から中性子吸収断面積の大きな核分裂生成物や長寿命の放射性核種を除去し，^{239}Pu や ^{233}U を回収したのち再利用される．この処理を**核燃料の再処理**といい，原子力の平和利用における重大な課題の一つである．分離された放射性核種は，トレーサや放射線源として広く利用されている．

自発核分裂は原子番号 90 以上の重い原子核で起こり，分裂の仕方は誘導核分

＊ ^{235}U の核分裂によって放出される中性子の平均寿命は，即発中性子で $10^{-3} \sim 10^{-4}$ 秒，遅発中性子では 0.084 秒であり，遅発中性子の存在によって核分裂の周期が約 100 倍も長くなる．

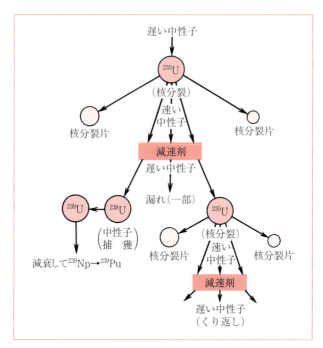

図 2-7. 核分裂連鎖反応

表 2-3. 自発核分裂を起こすおもな核種とその部分半減期

核種	自発核分裂部分半減期	核種	自発核分裂部分半減期
^{230}Th	$\geq 1.5 \times 10^7$ y	^{240}Pu	1.14×10^{11} y
^{232}Th	$\geq 10^{21}$ y	^{242}Pu	7.0×10^{10} y
^{231}Pa	$\geq 10^{16}$ y	^{241}Am	2×10^{14} y
^{233}U	3×10^{17} y	^{242}Cm	7.0×10^6 y
^{234}U	2×10^{16} y	^{244}Cm	1.32×10^7 y
^{235}U	1.9×10^{17} y	^{249}Bk	6×10^8 y
^{236}U	2×10^{16} y	^{248}Cf	$\geq 1.5 \times 10^4$ y
^{238}U	6.5×10^{15} y	^{249}Cf	1.5×10^9 y
^{236}Pu	2.10×10^9 y	^{250}Cf	1.7×10^4 y
^{238}Pu	4.8×10^{10} y	^{252}Cf	86 y
^{239}Pu	5.5×10^{15} y		

裂の場合と類似している．ただし自発核分裂はα壊変と平行して起こり（分岐壊変），半減期が非常に長いのが特徴である．表 2-3 に自発核分裂を起こすおもな核種とその部分半減期を示す．この中で^{241}Am/Be と ^{252}Cf は中性子源として利用されている．核破砕反応は高エネルギー荷電粒子（おもに 100 MeV〜10GeV の陽子）をターゲットに衝撃したときに起こる*．たとえば 680 MeV の陽子を銅に衝撃すると，銅，ニッケル，コバルトの同位体のほかに，ターゲットの原子核より数個の核子が失われたもの，すなわち $^{55}_{26}$Fe，$^{53}_{25}$Mn，$^{51}_{24}$Cr，$^{49}_{23}$V，$^{47}_{22}$Ti，$^{45}_{21}$Sc，$^{41}_{20}$Ca，$^{39}_{19}$K などが生成し，安定核種 43％，中性子不足核種 40％，中性子過剰核種 17％の割合で得られる．またいろいろな核破砕反応が，高エネルギー宇宙線によって自然界において起こっている．

4 核融合反応

図 2-1 から明らかなように，軽い原子核が融合してより重い核に変わるときにも，核分裂の場合と同じく多量のエネルギーが開放される．このような**核融合反応**は，太陽や多くの高温の星で進行しており，また水素爆弾として人工的に引き起こすことができる．たとえば重水素（$^2_1$D）や三重水素（$^3_1$T）のような軽い原子核は次のような核融合反応を起こしやすく，

$$^2_1D + ^2_1D \longrightarrow ^3_2He + ^1_0n + 3.27 \text{ MeV}$$
$$^2_1D + ^2_1D \longrightarrow ^3_1T + ^1_1p + 4.03 \text{ MeV}$$
$$^2_1D + ^3_1T \longrightarrow ^4_2He + ^1_0n + 17.59 \text{ MeV}$$
$$^2_1D + ^3_2He \longrightarrow ^4_2He + ^1_1p + 18.35 \text{ MeV}$$

結局 6 個の重水素から 43.24 MeV のエネルギーが放出される．これは 1 kg の重水素から 2.17×10^{27} MeV，すなわち 3.47×10^{14} J のエネルギーが発生することを示す．海水中の重水素（約 4.5×10^{16} kg）をすべて核融合の燃料に用いることができれば，これは全世界の電力を数十億年も供給できるエネルギー量に相当する．太陽や高温の星では，さらに重い原子核を生成する核融合反応も起こって

---

* 入射エネルギーが 100 MeV を超えると，陽子の物質波としての波長がターゲット原子における核間距離より短くなる．そこでは入射したエネルギーが 10^{-21} 秒程度の間に核子に与えられ，カスケード状にほかの核子に移行して核全体を励起する．その過程で，一部は直接核外に放出される．その後 10^{-18} 秒程度の間に，励起された残留核から核子や α 粒子などが蒸発する．

いる．

　核融合反応を効率よく行わせるためには，最初に電子を取り除いた裸の原子核すなわちプラズマを発生させ，これをある一定の時間高温度で限られた空間内に閉じこめる必要がある．また燃料の一つであるトリチウムの製造に関する技術的課題もある．これらは技術的に非常に困難ではあるが，世界中でそのためのいろいろな工夫がなされている．核融合反応に用いる燃料物質はウランやトリウムなどの核分裂に用いる燃料と比べて豊富に存在すること，および深刻な放射性廃棄物の問題が起こらない利点がある．

5 人工放射性元素と新元素

　元素の周期律が確立されてから，未発見の元素の原子番号や性質を予測することができるようになった．それに従って未知の元素を発見する努力が続けられ，1937 年までに原子番号 43（Tc），61（Pm），85（At），87（Fr）を除く 92 番のウランまでの 88 種の元素がすべて見出された．87 番元素のフランシウムの同位体 ^{223}Fr は，1939 年 Perey により図 1-12 に示したアクチニウム系列の壊変生成物の一つとして発見された．

　このほかの 3 種の未発見元素と原子番号 93 番以上の超ウラン元素は，高エネルギー加速器の利用や大規模な核実験により，次々と新しく発見された．また，現在，周期表に公認されている 93 番から 112 番までと 114 番および 116 番元素がいろいろな核反応でつくり出された*．

　新元素の物理的および化学的性質が明らかにされるにつれて，テクネチウムは周期表でⅦB 族に属し，レニウム，ルテニウム，オスミウムに類似した性質をもつことがわかった．同じくプロメチウムはランタニド系列の元素の一つであり，アスタチンはⅦA 族のハロゲンに属することがわかった．

　ネプツニウムに始まる超ウラン元素はアクチノイド系列を形成する．アクチノイド系列の元素は原子番号が増すにつれて 5 f 軌道に電子が次々と充填され

---

* それぞれ次の核反応によってつくられた．^{242}Pu (^{22}Ne, 4n)^{260}Rf (1964 年)，^{249}Cf (^{15}N, 4n)^{260}Db (1970 年)，^{249}Cf (^{18}O, 4n)^{263}Sg (1974 年)，^{209}Bi (^{54}Cr, n)^{262}Bh (1981 年)，^{208}Pb (^{58}Fe, n)^{265}Hs (1983 年)，^{209}Bi (^{58}Fe, n)^{266}Mt (1984 年)，^{208}Pb (^{62}Ni, n)^{269}Ds (1994 年)，^{209}Bi (^{64}Ni, n)^{272}Rg (1994 年)，^{208}Pb (^{70}Zn, n)^{277}Cn (1996 年)，^{244}Pu (^{48}Ca, 3n)^{289}Fl (1998 年)，^{248}Cm (^{48}Ca, 3n)^{293}Lv (2000 年)．

ていくのが特徴である．5f軌道よりさらに外殻の6d, 7s軌道の電子配置は類似しているので，これら一連の元素はほぼ同じ化学的性質を示す．

電子配置から説明されるように，アクチノイド系列の元素の中で原子番号の小さいウラン，ネプツニウム，プルトニウム，アメリシウムでは+3, +4, +5, +6の酸化状態をとるが，原子番号が大きくなるとともに+3の酸化状態が最も安定となる．またイオン半径に注目すると，原子番号の増大とともにいわゆるアクチノイド収縮が起こる．この収縮の原因は，内部の電子殻（5f）へ入った電子による核電荷の遮蔽の不完全さが増して，原子価電子の軌道（6dと7s）収縮が起こるためである．

6 荷電粒子加速装置

荷電粒子による核反応では，原子核の大きなクーロン障壁に打ち勝つために荷電粒子を加速して大きなエネルギーを与える必要がある．真空にした容器中

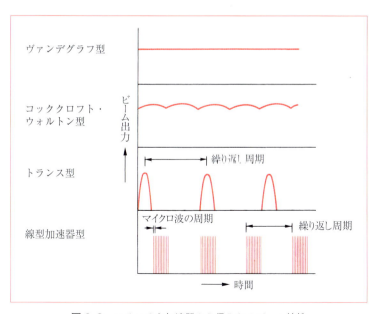

図2-8．いろいろな加速器から得られるビーム特性

で荷電粒子に電界を与えると，高速に加速された荷電粒子（衝撃粒子）が得られる．衝撃粒子としてはα粒子，陽子（${}^{1}_{1}$p），重陽子（${}^{2}_{1}$d），三重陽子（${}^{3}_{1}$t），電子（e），重イオンなどいろいろなものが利用されている．また放射光実験施設の利用によって，光子（γ）による核反応も身近になっている．

高エネルギーの電子や荷電粒子を得る装置に，コッククロフト・ウォルトン型加速器，電極間に静電的な電圧を与えるヴァンデグラフ型加速器，高周波交流電場内で比較的小さな電位差によるイオンの加速を繰り返して粒子を加速する線型加速器，磁場中で荷電粒子を円運動させてこれに同期した電場の変動を与えるサイクロトロン，シンクロトロン，電子の加速に適したベータトロンなどがある．

図 2-8 に示すように，これらの装置によっていろいろなタイプの荷電粒子のビームが得られる．ヴァンデグラフ型やコッククロフト・ウォルトン型では連続ビームが得られ，後者は脈動をもっている．トランス型と線形加速器型のビームはパルス状であり，後者では一つのパルスがさらに細かいパルスよりなっている．どの装置を使うかは実験目的によって選択されるが，パルス型は反応直後の経時変化を追跡できる利点がある．近年，病院内に超小型サイクロトロンを設置して，プロトンや重陽子を加速し短半減期の放射性物質（^{11}C，^{13}N，^{15}O，^{18}F）を生成する装置が開発され，陽電子放出断層撮影 positron emission tomography（PET）として急速に普及してきた．

— 演習問題 —

問1. 次の核種のうち原子炉生成核種を3つ選べ．(診放技国試 平成11年類題)
a. ^{3}H　b. ^{11}C　c. ^{13}N　d. ^{18}F　e. ^{32}P　f. ^{60}Co

問2. 次の核反応のうち正しい反応を2つ選べ．(診放技国試 平成10年類題)
a. ^{14}N (d, n)^{15}C　b. ^{18}O (p, n)^{18}F　c. ^{32}S (n, p)^{32}P
d. ^{59}Co (2n, γ)^{60}Co　e. ^{84}Sn (n, p)^{85}Sr

問3. 次の核種のうちサイクロトロンで生成する核種を3つ選びなさい．(診放技国試 平成10年類題)
a. ^{59}Fe　b. ^{89}Sr　c. ^{111}In　d. ^{123}I　e. ^{201}Tl

問4. 次の核反応を完成せよ．
a. ^{14}N (n, p)　b. ^{32}S (n, p)　c. ^{35}Cl (, p)^{35}S
d. ^{58}Ni (n,)^{58}Co　e. ^{23}Na (n, γ)　f. ^{31}P (, γ)^{32}P
g. ^{34}S (n,)^{35}S　h. ^{235}U (, f)^{90}Sr

問5. ^{235}U 1個の壊変で209 MeVのエネルギーが解放されるとすると，^{235}U 1gが壊変したときに何kcalのエネルギーが発生するか．

問6. 酸化ウラン^{235}UO$_2$が1gある．このウランがすべて次の核反応を起こしたとすると，何kcalの熱が発生するか．また，0℃の水何tを100℃にすることができるか．ただし，発生するエネルギーのうち熱エネルギーとして取り出せるのは1壊変につき180 MeVであるとする．
^{235}U + n → ^{139}Ba + ^{94}Kr + 3n + 190 MeV

問7. 陽子の質量を1.007276 u，中性子の質量を1.008665 u，電子の質量を0.000548 uとして，^{2}Hの結合エネルギー（質量欠損）をMeV単位で求めよ．ただし，^{2}Heの原子質量は2.014102 uとする．

3章

放射性核種の分離と線源調製法

SUMMARY

　地球上には天然放射性核種および人工放射性核種が存在するが，人工放射性核種は私たちの日常生活で多く利用されており，欠くことのできない存在になっている．種々雑多な中から必要な核種のみを取り出すためには，いろいろな工夫が必要である．また，放射能を正確に測るためには，それなりの線源調製法がある．放射性物質を安全に取り扱うために必要ないくつかの事項について学ぶ．

A. 分離の必要性と特殊性

1 トレーサ量の特性と担体

　放射性核種を使用するときに注意しなければならないことは，放射化学的純度である．ほとんどの放射性核種は，原子炉かサイクロトロンなどの粒子加速装置で製造される．その際，どうしても副反応や不純物によりほかの放射性同位体も生成されている．市販の放射性核種は，ほかの核種からよく分離されているが，古くなり主成分の放射性核種の量が少なくなったときは，より長寿命をもつ不純物の放射性核種の存在に注意しなければならない．特定の化合物中の放射性核種の純度を放射化学的純度，目的位置に正しく標識された化合物の割合を標識率という．また，放射線量が多いときは，化合物が放射線分解を起こしやすいので，放射線に対して不安定な化合物は検定する必要がある．ほかの放射性核種や分解生成物からの分離には，通常の化学分離法が適用されるが，放射性核種の場合，次の特色がある．

　①目的の物質量が極微量（トレーサ量）である．放射能としては大量にあっても，質量は表1-4からわかるように極微量であるので，目的物が容器の壁や少量の不純な粒子に吸着して見失われてしまうことがある．

　②半減期のある放射性核種を対象としているので，時間的制約を受ける．たとえば，半減期25分の^{128}Iを分離するのに25分かかるとすれば，生成量の1/2が得られるが，100分かかれば1/16に減衰してしまう．収率が悪くても迅速な分離方法を採用することも多い．

　③放射能の取扱いに関する法的制約を受ける．使用できる核種，数量が施設ごとに制限されること，放射線作業室でしか取り扱えないこと，被曝に対する対策が必要であることなど，多くの制約がある．

1）担　体

　放射性核種の存在量は非常にわずかなので，ビーカーの器壁に吸着するなど通常の化学操作がうまくいかないことがある．このようなときに同じ元素の安定同位体を添加すれば，その放射性核種を含む元素の量が増加し，取り扱いやすくなる．この添加する安定同位体を担体 carrier という．同じ元素の安定同

位体は，化学的には分離できないので，性質の近い元素の安定同位体を使用することもあり，これも同様に担体（非同位担体）という．放射性同位体のみの試料を無担体試料 carrier free sample という．実験中に同じ元素で非常に希釈しなければならない場合には，最初に高い比放射能 specific activity（ある化合物の単位質量当たりの放射能，Bq/g，分子の場合では Bq/mol も用いられる）をもつ溶液が必要となる．担体は，目的核種を溶液中に残しとどめるのに加える保持担体と，目的核種を溶液中に残し不要な核種を沈殿に吸着させ除去するのに加えるスカベンジャー（清掃剤あるいは捕捉剤という）に分けられる．また，目的核種をいっしょに沈殿させるのに加える沈殿剤を補集剤（共沈剤）とよぶ．たとえば，$^{140}_{56}Ba \rightarrow ^{140}_{57}La \rightarrow ^{140}_{58}Ce$ で，保持担体として Ba^{2+} を，補集剤として Fe^{3+} を用い溶媒抽出法を適用して La^{3+} を無担体分離することができる．このとき，La^{3+} は Fe^{3+} と共沈し，沈殿を 6 N 塩酸溶液に溶かしエチルエーテルで溶媒抽出すると，La^{3+} は水相へ，Fe^{3+} は $FeCl_4^-$ となって有機相へ移動する．担体の使用量は通常 10～20 mg であるが，もちろん目的，方法によってその量は異なる．

2）ラジオコロイド

多くの放射性核種は無担体では非常に微量であるので，本来なら溶液中に溶けているはずであるが，コロイド状で存在していると思われる挙動を示すことがある．たとえば，無担体の ^{137}Cs を中性の水溶液中に入れ，ガラス容器に貯蔵すると，容器の壁に吸着されてしまう．この放射性のコロイド状物質をラジオコロイドという．ラジオコロイドは直径が 1～100 nm 程度の分散粒子で，普通のコロイド物質のようにろ紙や器壁などへの吸着，透析膜への沈着，ほかの沈殿への共沈を起こす．ラジオコロイドは ^{47}Sc，^{88}Y，^{206}Bi などでよく形成する．ラジオコロイドによる器壁への吸着などを避けるためには，使用上差しつかえない程度に担体を加え，また金属イオンの放射性核種の場合には酸性溶液中に保存する．

2 共沈法

大量の溶液から目的の放射性核種を含む元素を分離するために，最もよく使用する簡単な方法が沈殿法である．沈殿を生じさせるには溶解度積以上の濃度

表 3-1. おもな沈殿の溶解度積

化学形	溶解度積	化学形	溶解度積
NiS (α)	3×10^{-19}	CuS	6×10^{-36}
Fe(OH)$_3$	7.1×10^{-40}	Ca(OH)$_2$	5.5×10^{-6}
BaSO$_4$	1.3×10^{-10}	CaSO$_4$	1.2×10^{-6}
SrCO$_3$	1.1×10^{-10}	CaCO$_3$	4.8×10^{-9}
AgCl	3.2×10^{-13}	PbCl$_2$	1.6×10^{-6}

(日本化学会,1981 a より)

表 3-2. おもな沈殿反応

沈 殿 剤	イ オ ン	沈 殿(色)
NaCl	Pb^{2+}, Hg$_2^{2+}$, Ag$^+$	PbCl$_2$(白),Hg$_2$Cl$_2$(白),AgCl(白)
酸性 H$_2$S	Hg^{2+}, Cu^{2+}, Bi^{3+}, Ag$^+$, Pb^{2+}, Cd^{2+}	HgS(黒),CuS(黒),Bi$_2$S$_3$(褐),Ag$_2$S(褐),PbS(黒),CdS(黄橙)
アルカリ性 H$_2$S	Zn^{2+}, Ni^{2+}, Co^{2+}, Mn^{2+}	ZnS(白),NiS(黒),CoS(黒),MnS(赤橙)
Na$_2$SO$_4$	Ca^{2+}, Sr^{2+}, Ba^{2+}, Pb^{2+}, Ag$^+$	CaSO$_4$(白),SrSO$_4$(白),BaSO$_4$(白),PbSO$_4$(白),Ag$_2$SO$_4$(白)
アンモニア水	Fe^{3+}, Al^{3+} など多数	Fe(OH)$_3$(褐),Al(OH)$_3$(白)
BaCl$_2$	SO$_4^{2-}$, CO$_3^{2-}$, PO$_4^{3-}$, F$^-$	BaSO$_4$(白),BaCO$_3$(白),Ba$_3$(PO$_4$)$_2$(白),BaF$_2$(白)
AgNO$_3$	CO$_3^{2-}$, PO$_4^{3-}$, Cl$^-$, I$^-$, CN$^-$	Ag$_2$CO$_3$(白),Ag$_3$PO$_4$(黄),AgCl(白),AgI(黄),AgCN(白)

が必要である.ある沈殿 A$_m$B$_n$ なる電解質の飽和溶液では,A$_m$B$_n \rightleftarrows m$A$^{n+}+n$B^{m-} なる平衡が成立すると,陽イオンの濃度 [A^{n+}] と陰イオンの濃度 [B^{m-}] の積は,一定温度では一定の値(溶解度積,$K_{A_mB_n}$)を示す.

$$[A^{n+}]^m[B^{m-}]^n = K_{A_mB_n}$$

溶解度積が既知なら,溶液中からその化合物が沈殿するかどうか判断できる.いくつかの沈殿の溶解度積を表 3-1 に示す.

定性分析で分属に用いられている沈殿反応を表 3-2 に示す.物質量として微量の放射性核種を沈殿させることはほとんど不可能であるので,担体を添加してから沈殿させる.しかし比放射能を低くしたくない場合や,テクネチウムやプルトニウムのように安定同位体がない場合がある.ある化合物が沈殿するとき,同じような化学的性質のほかの元素も一緒に沈殿させてしまうことがあ

り，その化合物を純粋に分離しようとするときには妨害になる．しかし一緒に沈殿する不純物のほうから考えれば，微量でも沈殿法で分離できることになり，これを**共沈法**という．微量の放射性核種を沈殿させるための主成分を**捕集剤（共沈剤）**という．捕集剤としては水酸化物沈殿をつくる鉄イオンやアルミニウムイオン，硫酸塩沈殿をつくるバリウムイオンなどが用いられる．

1) $^{32}PO_4^{3-}$ と $^{35}SO_4^{2-}$ イオンの分離

　無担体の ^{32}P を製造するため，塩化カリウムに中性子を照射すると，$^{35}Cl\,(n, \alpha)^{32}P$ とともに $^{35}Cl\,(n, p)^{35}S$ 反応も起こり，^{35}S も同時に生成する．この ^{35}S を分離するために，保持担体として硫酸ナトリウムを加える．酸性にした溶液に共沈剤として鉄(Ⅲ)溶液を加え，加温後，アンモニア水を加えて水酸化鉄をつくる．熟成のためさらに1時間程度加温する．遠心分離で沈殿を分けると，沈殿には $^{32}PO_4^{3-}$ イオン，溶液には $^{35}SO_4^{2-}$ イオンが残り，ほぼ定量的に分離することができる．

3 溶媒抽出法

　目的物質を液相から液相へ分離するのが溶媒抽出法である．水溶液とベンゼンやクロロホルムなどの水に溶けにくい有機溶媒を用い，ガラス製の分液ロートに入れて振り混ぜる（図3-1）．放射性核種の分配は，水相と有機相間の化学形に依存する．水相中の濃度を C_w，有機相中の濃度を C_o とすると，分配比 D は次式で示される．

$$D = C_o/C_w$$

有機相への抽出率 $E\%$ は，水相と有機相の容量をそれぞれ V_w，V_o とすると，次式で示される．

$$E = 100 C_o V_o / (C_o V_o + C_w V_w) = 100\, D/[D + (V_w/V_o)]$$

目的物を有機相に抽出されやすくするために，① 誘電率の高い有機溶媒と溶媒和させて抽出させる方法，② キレート剤を加えて金属キレートを生成させて有機溶媒に抽出させる方法，③ 溶存イオンと反対電荷をもつ大きなイオンと結合させて抽出させる方法などがある．

1) ジイソプロピルエーテルによる鉄（Ⅲ）の抽出

　塩酸溶液（6 M 以上）中の Fe（Ⅲ）はクロロ錯体（$FeCl_4^-$）となり，ジイソ

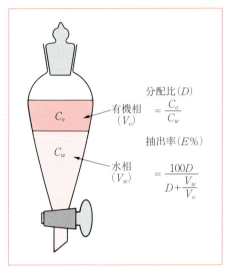

図 3-1. 溶媒抽出法

プロピルエーテルと溶媒和して抽出される．この抽出は，あるイオンを鉄水酸化物に共沈させたあとの鉄の除去によく用いられる．

　溶媒抽出法は，微量のままで分離できる，液-液反応なので反応速度が速い，多くの有機試薬が使用でき選択性に優れている，などの特色があり工業的にもよく利用されている．また，この方法は短半減期の核種をすばやく，しかも，無担体のままでも分離できるので，放射化学の分野ではとくによく使用されている．

4 クロマトグラフィ

　性質のよく似た元素どうしを相互分離することは，1回の溶媒抽出では困難であり，多数回繰り返す必要がある．溶媒抽出を多数回繰り返すためには向流分配装置という複雑な器具を用いる．液-液分配ではなく，固-液分配を利用すれば，固相をカラム状に並べ，非常に多数回の分配が容易に可能になる．このようにカラム（粒子）を多数並べ分配を繰り返し行わせ，わずかな分配比の違いを利用して分離する方法をクロマトグラフィ chromatography という．クロ

マトグラフィは放射性核種の分離，精製の主要な方法となっている．いろいろな方法があるので，主要なものについて述べる．

a イオン交換クロマトグラフィ

固相粒子表面でイオン交換を行うクロマトグラフィを**イオン交換クロマトグラフィ**という．最も一般的なイオン交換樹脂はスチレン-ジビニルベンゼン共重合体などの三次元網目構造の樹脂の骨格の一部に，強酸性陽イオン交換部位 R-SO$_3$H（スルホン酸），中程度酸性陽イオン交換部位 R-PO(OH)$_2$（リン酸），弱酸性陽イオン交換部位 R-COOH（カルボン酸），強塩基性陰イオン交換部位 R-CH$_2$NR$_3$OH（第4級アンモニウム），弱塩基性陰イオン交換部位 R-NH$_3$（第1アミン），のいずれかをもっている樹脂が使用されている．

イオン交換樹脂の交換基と周りの溶液中のイオンとの間に平衡（イオン交換平衡）が保持されているとすると，その平衡は次式で表される．

$$m\text{R-H} + \text{M}^{m+} = \text{R}_m\text{-M} + m\text{H}^+$$

$$K_\text{H}^\text{M} = \frac{[\text{R}_m\text{-M}]_R[\text{H}^+]^m}{[\text{R-H}]_R^m[\text{M}^{m+}]}$$

ここで $[\text{R-H}]_R^m$，$[\text{R}_m\text{-M}]_R$ は樹脂相中の H^+，M^{m+} イオンの吸着量（m$_{eq}$/g 樹脂量）で，$[\text{H}^+]$，$[\text{M}^{m+}]$ はそれぞれ溶液中の H^+，M^{m+} イオンの濃度である．K_H^M は交換平衡定数で，イオンの交換性の強さを示す．

イオン交換される容量は meq/mL という単位で表される．これは樹脂 1 mL 当たり何ミリ当量のイオンと交換できるかというもので，たとえばアンバーライト IR 120 で 1.9meq/mL である．これは樹脂 100 mL で 190 ミリ当量の処理が可能になり，食塩にして 11 g の交換が可能になる．

イオン交換樹脂を図 3-2 のようにカラムに充填して，上部から溶離液をゆっくり流すと交換平衡定数の小さいものから順次溶出してくる．イオンの溶出位置（V）はプレート理論から次式で示される．

$$V = I + W \cdot K_d$$

ここで I はカラム内の間隙水量（mL），W は樹脂の全量（g）で，

$$K_d = \frac{[R_m-M]_R}{[M^{m+}]} \text{(mL/g 樹脂)}$$

である．

イオン交換クロマトグラフィは，非常に分離が困難な希土類元素を完全に分

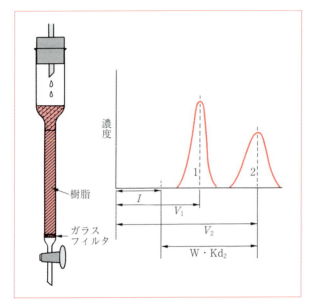

図3-2. イオン交換クロマトグラフィ

離し,さらに希土類元素が規則的に溶離してくる性質から,超ウラン元素の溶離曲線を推定し,新しい超ウラン元素(アメリシウムやカリホルニウムなど)の発見に寄与した.上部から溶液を流し,溶離液を流すだけで,分離が困難な成分も分離して流出してくるので,溶媒抽出法とともによく用いられる.鉄(Ⅲ)イオンは6規定塩酸中では$FeCl_4^-$のように陰イオン錯体になっている.陰イオンは陰イオン交換樹脂に吸着するので,陰イオン錯体を形成しない金属イオンと容易に分離できる.欠点としては,分配を重ねて移動するので時間がかかることと,溶液量が多くなることである.

1) 希土類元素の分離

強酸性陽イオン交換樹脂,Amberlite CG 120 TypeⅡ(200〜400メッシュ)を精製して,80℃に保温された直径5 mm,長さ100 cmのカラムを作製する.希土類の弱塩酸酸性溶液を別の少量のイオン交換樹脂に吸着させ,カラムの上部に入れる.乳酸とフェノールの混合物にアンモニア水を加えてpHが3.19と7.00の緩衝溶液をつくり,これを溶離液とする.pH 3.19の溶離液に7.00の溶

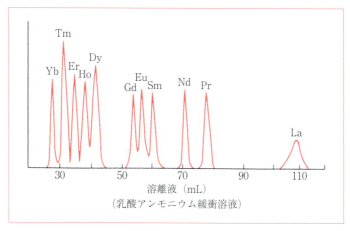

図 3-3. 陽イオン交換樹脂による希土類イオンの分離
（森　芳弘，垣花秀武，1971 より改図）

離液を少しずつ混ぜながら，溶離する．こうして得られた溶離曲線が図 3-3 である．

b ペーパークロマトグラフィ

図 3-4 に示すような簡単な装置を用いる．ろ紙の下方に試料をスポットし，乾燥したあと適当な展開溶媒にろ紙を浸す．さらに，展開溶媒が拡散しないように装置全体を密封しておく．試料をスポットした位置を原点とすれば，原点から展開溶媒の先端までの距離を a，溶媒展開後に原点から試料が移動したスポット中心までの距離を b とすれば，移動率 $R_f = b/a$ 値（rate of flow）が試料によって異なることを利用した分離法である．標識化合物の標識率測定などに利用されている．

c 吸着・分配クロマトグラフィ

ペーパークロマトグラフィをカラム化したものと考えればよいが，吸着，分配の固定相の材料としてはアルミナやシリカゲルを用い，イオン交換クロマトグラフィと同じようにカラムに充填して用いる．おもに有機化合物の分離や分取あるいは標識化合物の放射化学的純度の検定に利用されている．

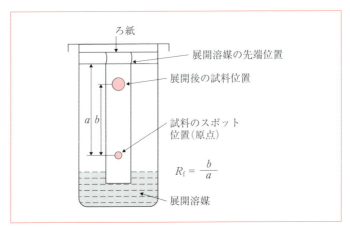

図 3-4　ペーパークロマトグラフィ装置

1) 過テクネチウム酸ナトリウム (^{99m}Tc) ジェネレータ

　脳腫瘍などの核医学診断に用いられる過テクネチウム酸ナトリウム (^{99m}Tc，半減期 6.02h) は ^{99}Mo (半減期 66h) の ミルキング からつくられる．図 3-5 に示すカラムの上部に ^{99}Mo が吸着してあり，必要に応じて上から生理食塩水を流すと，過テクネチウム酸ナトリウム (^{99m}Tc) が溶離してくる．^{99m}Tc の放射能は，一度溶離しても 23 時間後には再び最大放射能となる．したがって 24 時間 (これをジェネレータエイジという) 経てば，再度ミルキングすることができる．このカラム装置を ^{99m}Tc ジェネレータという．^{99}Mo を牛 (cow) に，^{99m}Tc をミルクに見立ててカウアンドミルクシステムとよばれる．^{99}Mo-^{99m}Tc ジェネレータは酸化アルミニウム (アルミナ) 粉末にモリブデン酸ナトリウム (Na$_2$^{99}MoO$_4$) を吸着させたカラムを装備しており，カラム周辺は鉛で遮蔽されている．カラム中で ^{99}Mo は ^{99}MoO$_4^{2-}$ イオンの化学形で，また，^{99}Mo の壊変で生成した ^{99m}Tc は ^{99m}TcO$_4^-$ イオンの化学形で存在している．2 価陰イオンの ^{99}MoO$_4^{2-}$ に比べて 1 価陰イオンの ^{99m}TcO$_4^-$ のほうがアルミナに対する結合力が弱いため，カラムに生理食塩水を通ずると Cl$^-$ が ^{99m}TcO$_4^-$ と置換して ^{99m}TcO$_4^-$ が溶出される．ジェネレータから溶出した ^{99m}Tc は化学的に安定な +7 価であり，このままでは薬剤と反応しない．バイアルに含まれている還元剤 (塩化第一スズ等) でテクネチウムを反応性の高い +5 価や +4 価へと還元

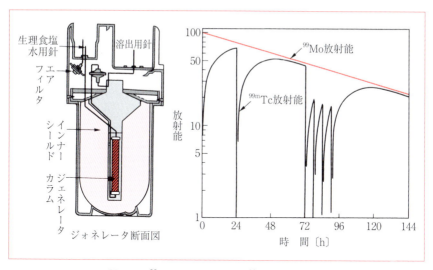

図 3-5. ^{99m}Tc ジェネレータと ^{99m}Tc の生成曲線
(日本アイソトープ協会, 1984 より)

表 3-3. カウアンドミルクシステムの例

親核種 (Cow)	親核種の半減期	娘核種 (Milk)	娘核種の崩壊形式	娘核種の半減期
^{68}Ge	271 d	^{68}Ga	β^+, EC	1.13 h
^{81}Rb	4.58 h	^{81m}Kr	IT	13.1 s
^{82}Sr	25.4 d	^{82}Rb	β^+, EC	1.3 m
^{87}Y	79.8 h	^{87m}Sr	IT, EC	2.82 h
^{99}Mo	65.9 h	^{99m}Tc	IT	6.01 h
^{113}Sn	115 d	^{113m}In	IT	1.66 h
^{140}Ba	12.8 d	^{140}La	β^-	1.68 d

して使用する. ^{99}Mo は ^{98}Mo(n, γ)^{99}Mo, U(n, f)^{99}Mo により得られている. その他にも表 3-3 に示す種々のカウアンドミルクシステムがある.

d 電気泳動法

電解質溶液中のイオンに電場をかけると, イオンはその荷電の大きさ, 粒子の形, 大きさに応じた速度で, 荷電と反対符号の電極に向かって移動する. これを電気泳動という. 電気泳動法で最も広く利用されているのは, 多孔質支持

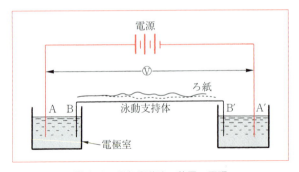

図 3-6. 電気泳動法の装置の原理
電源部を除いて装置全体を覆って展開溶媒が蒸発しないように工夫する必要がある.

体に保持された溶液中で電気泳動を行わせるゾーン電気泳動法である（図3-6）．その中でも無機金属イオンの分離には，ろ紙電気泳動法が，また有機化合物の分離にはアガロースゲルやシリカゲルを支持体にしたゲル電気泳動法がよく用いられる．電気泳動法は，標識化合物の純度検定にもよく用いられている.

e クロマトグラフィにおける放射性核種の検出

気体として分離されている場合は，分離カラムから出てきたガスを，ガスフロー式の GM 計数管型検出器または比例計数管型検出器の中に導入して，測定する．α 線や低エネルギーの β 線を放出する核種には通気式のガス電離箱型検出器が用いられる．液体として分離されている場合は，カラムから流出してきた溶液中の β 線放出核種を測定するために，蛍光体を含む粒子の詰まったセルの中を通して発光させ，発光した光を光電子増倍管および計数装置でシンチレーションを測定する．また，ペーパークロマトグラフィのように分布位置を決める場合は，X 線フィルムまたはイメージングプレート imaging plate（IP：輝尽性蛍光体）をクロマトグラムに密着させ，像を移しとる（p.82）．

5 ホットアトム

原子核から γ 線が放射されると原子は反跳を受けることを前の節で述べた．同様のことは，原子核の変換で生じた原子についても起こる．核壊変や原子核

反応による反跳などにより，原子が周囲の熱平衡系よりも大きなエネルギーをもったり，あるいは高電荷を帯びているとき，この原子を**ホットアトム**とよんでいる．たとえば^{88}Krのβ壊変で生じる^{88}Rbは67 eVの反跳エネルギーを得るが，このエネルギーは励起状態のエネルギーよりはるかに大きい．このため，生じた^{88}Rbは周囲との化学結合を切断したり，外側の電子雲が励起されて電子が振り落とされたりして，高電荷状態になったり，大きな運動エネルギーのために原子核周辺の領域を高温状態にしている．しかし，こうした一時的な状態は時間が経過すると周囲との熱平衡状態に戻るが，壊変前とまったく同じ状態に戻るとは限らない．

　熱中性子照射したヨウ化エチル（C_2H_5I）を分液ロートに入れて，水を加えて振ると，ヨウ化エチルは水相に移動しないが，^{127}I (n, γ)^{128}I 反応で生成した放射性ヨウ素の大部分はヨウ化物イオンとなって水相に移る．核反応時のγ線放出により生成した^{128}Iが反跳して炭素との結合が切れたためである．この現象を利用して，通常無担体放射性核種ができない(n, γ)反応からでも無担体の放射性核種を得ることができる．たとえばフェロシアン化カリウムK_4［Fe(CN)$_6$］を中性子照射したあと，水に溶かし，水酸化アルミニウムに共沈させると反跳で結合の切れた^{59}Feのみが共沈し，無担体の^{59}Feが得られる．ホットアトムを利用する分離法は，1934年ヨウ化エチルでヨウ素のホットアトムを発見したSzilardとChalmersを記念して，Szilard-Chalmers法とよばれる．

B. 固体試料の線源調製法

　放射能の強さは，測定される試料の厚みや表面の均一性などに左右されるので，定量的に測定するには，再現性のある試料調製法に従って試料をつくる必要がある．試料はまず物理的，化学的に安定であるとともに，比較しようとするほかの試料とは物理的，化学的に同一であること，試料を一定の面積に均一に付着させることが大切である．さらに，試料を調製するときに，測定する放射線の性質を考えて行うことが大切である．強いγ線を出し，そのため放出されるγ線をつねに100％の効率で測定できるなら問題は起こらない．しかし現実にはα線や軟β線を測定したり，あるいは半減期の短い核種を扱ったり，バックグラウンドと同程度の弱い放射能を測定したりすることが多い．放射線

は，立体的にすべての方向へ出るが，そのとき試料中に含まれるほかの原子による放射線の散乱や吸収を受けるので，カウンタまで達するのは放出される放射線の数十％にすぎない．また，放出された放射線のいくらかは，試料皿や測定装置の壁などに当たり，そこから散乱されてカウンタへ入るものもある．このため試料とカウンタとのジオメトリーや測定装置の材質も考えに入れなければならない．さらに，精度よく放射能の強さを定量しようとすればするほどカウンタの性能，電気回路の雑音（ノイズ），電源の安定性，バックグラウンドのことなどを考慮する必要もある．ここではどうしたらうまく効率よく，しかも再現性よく測定できる試料がつくられるかについて述べる．

試料調整は，試料の性質やそれから放出される放射線の性質，研究目的などを考慮して決める必要がある．線源の種類からみると，α線を放出する場合，α線の飛程は短いので試料自体の厚みが一番問題になる．そこで電着や蒸着によって薄く均一な試料をつくり，試料は計数管の窓による吸収をさけるために直接カウンタの内部に入れて測定を行う．

軟β線や軟X線，内部転換電子などの測定も同じように扱われる．その他，試料を液体にして液体シンチレーション法で測定したり，試料を気体にして測定することもある．高エネルギーβ線は液体シンチレーション法で最も測定しやすい．固体試料の場合は，試料皿からの後方散乱に注意を払い，GMカウンタで測定する．一般に再現性のある試料はつくりにくい．γ線を放出する試料は最も測りやすく，NaIシンチレーションカウンタや，半導体検出器が利用される．

さらに，研究目的によっては計数の統計的信頼性も問題になるので，試料調製のとき，放射能の強さをどの程度にしたらよいかも考えに入れておく必要がある．

1 一般的注意

一定の面積に短時間で均一に試料がのせられることが要求される．試料は重量分析で用いられる化学形にすると，定量的に沈殿をつくれるので，この化学形にすることが望ましい．しかし，質量の大きい原子を試料中に含むと，それによる吸収のために放射能が弱くなってしまう恐れがある．また^{40}Kなどの天

然放射性同位体を含む沈殿もよくない．試料は光や熱に弱かったり，吸湿性であったりすると，実験上扱いにくいばかりでなく，再現性も悪くなる．試料を試料皿にのせるときに，クリープが起こったり，ロートやガラス棒，試料容器に放射性物質が残ったりするので，付着を最小限にするように工夫する必要がある．短寿命のRIについては時間的な制限を受けることもあるので，操作法は簡潔であることも要求され，このことは実験者の被曝を最小限に食い止めることからも大切である．試料皿はステンレス鋼，アルミニウム，合成樹脂などいろいろな材質のものがあり，試料に侵されないものを選べばよい．また，^{32}Pのような高エネルギーβ線を測るときには，後方散乱の影響を一定にするため，試料の厚みを一定にしたり，樹脂膜を十分に薄くする．試料皿は皿状のもので，底部に同心円状の起伏のついている皿は少量の液体をつけるとき役に立つ．

2 さまざまな線源調製法

次にいろいろな線源調製法について述べる．

a 蒸発法

液体のままだと溶液による自己吸収が大きく，低エネルギーβ線や低エネルギーγ線などは効率よく測れない．そこで一定量の試料溶液を図3-7に示すように，試料皿上で蒸発させたあと測定する．この方法は，固型成分が多いと，試料皿のふちに試料が残ってジオメトリーが一定にならなかったりして，再現性ある試料はつくりにくい．そのため試料皿に試料溶液を入れたあと，乾燥させる前に界面活性剤（高級アルコールエステル）を1滴加えておく．少量の液体の放射能を半定量的に数多く測定するにはペーパーディスク法といわれる方法がある．これはろ紙に試料溶液を浸みこませて測る方法であるが，紙による自己吸収があるので軟β線の測定には不適当である．乾燥するときに紙が丸くなるのを防ぐために，紙の中央にあらかじめ5％ショ糖溶液を1滴たらしておく．

図 3-7. 試料皿の乾固

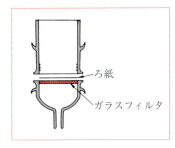

図 3-8. 分離型ガラスフィルタ

b 沈殿ろ過法

生じた沈殿をろ紙の上にろ過して線源として測れるなら最も便利である．沈殿の量が少なくて取り扱いに困るようなら，一定量の担体を入れて沈殿をつくる．一般に図 3-8 に示す分離型のロートが使われる．このロートは分解できるようになっており，上下の境界に丸く切ったろ紙を挟み，集積した沈殿を壊すことなく取り出せるようになっている．試料をゆっくり吸引ろ過してから，ろ紙についた沈殿が壊れないように取り出し，そのまま試料皿の上にのせて乾燥させる．乾燥する際にろ紙が丸くなったり，沈殿がひび割れするようだったらろ過したあと，あらかじめラッカーやセメダインのアセトン溶液を沈殿に滴下しておき，ろ紙はコロジオンなどで皿に固定してから乾燥する．

c 電着法

電気分解法ともいわれ，水素よりイオン化傾向が大きい金属は金属イオンに，逆にイオン化傾向が小さい金属イオンは金属になりやすい．この現象を利用して $^{64}Cu^+$ と $^{65}Zn^{2+}$ を含む溶液に金属鉄を入れると，鉄表面に ^{64}Cu が析出し $^{65}Zn^{2+}$ は溶液中に残る．蒸着法とともに非常に均一な試料をつくることができるので，RI の絶対測定を行うときによく使われる．この方法は，痕跡量から数 mg/cm^2 の範囲にわたってきわめて均一な試料をつくることができるので，Po, Th, U などの α 線源の試料調製，さらに Fe, Co などの単体の金属の線源調製法として利用されている．RI が元素の無担体状態にあると，常量のときと同じ挙動をするとは限らないので，少量の担体を加えて電着を行う．電着が均

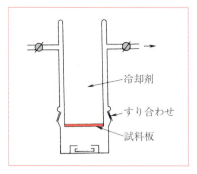

図 3-9. 蒸着装置

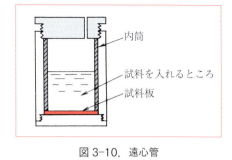

図 3-10. 遠心管

一に行われるように，電着板は使用前にうすい酸と有機溶媒でよく洗って，表面のさびや油脂をきれいにふき取っておく．電着を行う場合は予備実験を前もって行って均一に電着されることを確かめておくことが大切である．

d 蒸着法

蒸発しやすい元素，たとえば Po，As あるいは蒸発しやすい化合物は，化合物を加熱し，蒸着させることによって均一な線源を得ることができる．しかし定量的に蒸発させることが難しい．蒸着装置の例を図 3-9 に示す．

e 遠心分離法

図 3-10 に示すような取り外しのできる遠心管を用いる．粒子が細かいほど均一な試料ができ再現性もよい．

C. 液体および気体試料の線源調製法

1 液体シンチレーションカウンタ用試料調製法

化学的な取り扱いがなされたあとでは，試料は液体となっていることが多い．硬 β 線や γ 線などを放出する物質をイオン交換樹脂を用いて分離した場合など，液浸型 GM 計数管やウェル型シンチレーションカウンタなどを用い，液

体のまま連続的に放射能を測定すると便利である．軟β線は，試料溶液自体の自己吸収のために液体の外側からは有効に測定することができないので，液体シンチレーション法で測定することが多い．マルチチャンネルをもつ液体シンチレーションカウンタは，β線のエネルギーが10倍ほど違う核種を区別して測定できるので，^{3}H, ^{14}C, ^{32}P は同時にそれぞれの放射能を測定できる．また，β線のみならず，α線，β-γ線放出核種，たとえば^{60}Coの測定にも使われる．さらに，^{32}Pなどエネルギーの高いβ線放出核種についてはチェレンコフ光の測定もできる．

液体であるからといって，別に特殊な試料調製法があるわけではない．液浸型GM計数管は液体中にGM管を浸して薄窓を通じて測定し，ウェル型シンチレーションカウンタはNaIシンチレータの内部に試料を入れてγ線を測定する．図3-11に示してあるのは，この液浸型GM計数管の1例で，bのほうは計数管の外側に試料の通るジャケットを取りつけ，連続測定もできるようになっている．図3-12はウェル型シンチレーションカウンタを示す．真ん中の穴のところに試料を入れて測定する．この場合，NaIを利用したγ線スペクトロメトリーによるエネルギー解析ができるので複数の核種を含んでいても波高分析器を用いることによって特定の核種のみを選択して測定することができる．

^{3}H, ^{14}C, ^{35}S, ^{45}Caのような低いエネルギーをもつβ線を測定するには，液体シンチレーションカウンタを用いる．これは試料溶液に下記に述べる放射線が当たると光を放出するシンチレータを加えて，蛍光物質からの光を計測する方法である．液体シンチレータは2つの溶質からなり，第1溶質は放射線が当たると発光する物質で，第2溶質は第1溶質から発光された光を光電子増倍管が感度よくとらえるように，光を長波長へシフトさせる物質である．

第1溶質としてはDPO（2, 5-ジフェニルオキサゾール，別名PPO）やTP（p-ターフェニル）が用いられ，第2溶質としてはPOPOP（2, 2′-P-フェニレン-ビス-(5-フェニルオキサゾール)-ベンゼン）やDPS（p, p′-ジフェニルスチルベン）などが用いられている．図3-13にシンチレータ溶液に用いられる溶質の化学構造を示す．

しかし最近は光電子増倍管の感度が短波長へのびたので，第1溶質がシンチレータ溶液に溶ける場合はそのまま溶かして測定できる．試料自体によってあるいは試料中に含まれる不純物などによって，発光が抑えられたりすること

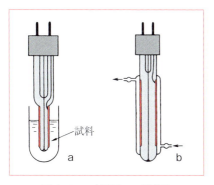

図 3-11. 液浸型 GM 計数管

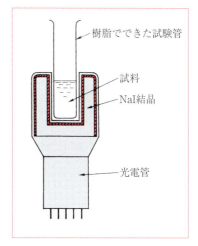

図 3-12. ウェル型シンチレーション計数器

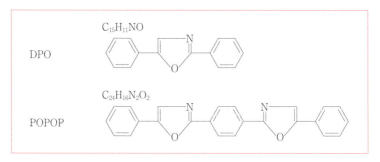

図 3-13. シンチレータに用いられる DPO と POPOP の化学構造

(**クエンチング** quenching) のないことを確かめておく必要がある．溶媒としてはトルエンがよく使われるが，水はトルエンにほとんど溶けないので，試料が水溶液の場合は p-ジオキサンを用いるかまたは水をエタノールに混ぜ，これをトルエンに加えるとうまく試料を調製することができる．あるいはトルエン-ジオキサン-エタノールの 3 成分系を利用することもある．DPO を用いる一般的なカクテルは DPO 4 g, POPOP 0.1 g をトルエン 1 L に溶かしたものである．

一般的な水溶性シンチレータは，乳化剤を混入させたカクテルで，いろいろな商品名で市販されており，40〜60%含水シンチレータ溶液をつくることができる．試料がシンチレータに溶けない場合は，固体試料を粉末のままシンチレータに懸濁させる方法がある．このためには$Ca^{14}CO_3$の沈殿形が用いられる．

1）クエンチング

クエンチングは消光作用ともいい，化学クエンチング，色クエンチング，酸素クエンチング，濃度クエンチングなどがある．放射線のエネルギーがいろいろなエネルギー移行過程を経てカウンタまで届く間に，各過程で光のエネルギーがこれらの影響で食われてしまう現象である．化学クエンチングを強く起こす化学物質に，ヨウ化物，アミン類，アルデヒド，フェノール，ニトロ化合物がある．濃い色を帯びたものは蛍光の一部が吸収されることにより光の透過を悪くする．酸素の存在は，放射線エネルギーで生じた励起一重項状態の溶媒分子と励起錯体を形成しやすくさせるためよくない．

2 気体試料調製法

希ガス元素であるアルゴン，クリプトン，キセノン，ラドンなどは化学的に安定であり，これらを含む化合物は，気体のままで測定される．^3H，^{14}C，^{35}Sなどの軟β線を放出する核種で，微弱放射能をもつ試料は，化学形を気体に変えて，直接計数管のカウンタの内部や電離箱の内部に気体のまま封入して測定する．こうすることによって試料自体の自己吸収がなくなり，また測定のジオメトリーが4πになるので，ほぼ100％に近い効率で測定することができる．

1）気体を直接測定

試料を気体にしてGM計数管や比例計数管に封入して測定するとき，塩素のように電子親和性の大きい不純物を含む試料は，プラトーが得られず，計数が不安定になる．計数ガスとしては水素，アセチレン，n-ブタンなどが用いられている．^3Hを含む試料は水あるいは有機物であることが多い．有機物は酸化して水と炭酸ガスにする．得られた水は金属カルシウムと反応させるか，あるいは水素化リチウムアルミニウムの3％ペンタノール溶液と反応させて水素ガスに変える．あるいは水を炭化カルシウム（カーバイト）と反応させてアセチレンにするか，水を$n-C_4H_9MgBr$のエーテル溶液と反応させてn-ブタンにして

測定する．

^{14}C を含む試料も有機物であることが多く，これを酸化して炭酸バリウム，あるいは直接，炭酸ガスに変える．炭酸バリウムは硫酸，リン酸，あるいはクエン酸などによって分解して炭酸ガスにする．炭酸ガスにして測定する場合は，不純物によってカウンタの特性が変わりやすいので，液体窒素を利用して炭酸ガスの昇華と固化を繰り返したり，加熱した銅網，銀網，酸化銅に接触させて，不純物の酸素，窒素を取り除いて精製する．あるいは炭酸ガスを水素ガスと混合してルテニウムを触媒としてメタンガスに変えて測定する方法もある．メタンガスにして測定すると不純物の影響が少ないとされている．試料調製のとき，同位体交換や同位体の濃縮の起こる可能性の少ない方法を選ぶことが大切である．

2）気体を溶媒に吸着させて測定

窒素ガス，酸素ガスは活性炭やモレキュラシーブに吸着されず，炭酸ガス，クリプトン，有機化合物はトラップされる．図3-14に示すような装置を使い，目的ガスを集めたあと，活性炭トラップの温度を高くしてガスを分離カラムへ導く．熱伝導度検出器などで溶離してくるガスを検出し，目的ガスのみをあらかじめシンチレータの入れてあるバイアルの有機溶媒に吸収させる．そのあとバイアルは液体シンチレーションカウンタなどで放射能の測定をする．

D. オートラジオグラフィ用試料調製法

固体試料のRIの分布状態を調べることをオートラジオグラフィという．RIの分布を肉眼で観察する方法がマクロオートラジオグラフィで，顕微鏡などを使って試料中の微細なRIの分布を調べる手法がミクロオートラジオグラフィである．また，荷電粒子の飛程を追跡してRIの同定や位置を決めたりするのが飛跡オートラジオグラフィである．マクロオートラジオグラフィはRIの位置および大まかな黒化度がわかればよいので，感度の高いことが必要である．一方ミクロオートラジオグラフィでは，たとえば細胞の中の組織を研究するような場合には位置分解能がよいことが必要である．オートラジオグラフィの実験には若干の露出時間が必要なので，半減期が短いと露出する前に大部分の放射能が失われてしまう．また半減期があまりに長いとRIの絶対量を増すか，

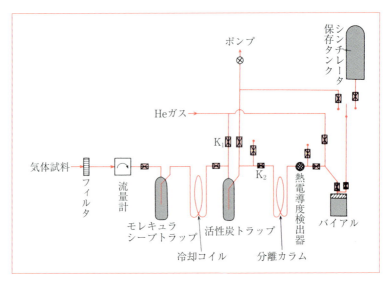

図 3-14. 大気中の気体の分離装置

露出に相当長い時間を必要とする．したがってオートラジオグラフィで使われている核種は，β 崩壊核種である ^{3}H（半減期 12.3 年，$E_\beta = 0.018$ MeV），^{14}C（半減期 5730 年，$E_\beta = 0.156$ MeV），^{32}P（半減期 14.2 日，$E_\beta = 1.71$ MeV），^{35}S（半減期 87.5 日，$E_\beta = 0.167$ MeV），^{59}Fe（半減期 44.5 日，$E_\beta = 0.274$ MeV），^{89}Sr（半減期 50.5 日，$E_\beta = 1.495$ MeV）などである．解像力の点からはエネルギーの弱い ^{3}H が，次いで ^{14}C が優れている．

1 解像力を決定する因子

オートラジオグラフィで最も大切なことは，試料中の RI の分布がそのまま黒化度となって写真に現れることである．そこで解像力を高めるために，次のことが大切である．
①試料と乳剤との距離，すなわち試料と乳剤膜との密着度が悪いと黒化する範囲が広がって解像力が低下する．
②試料が厚いと試料内部にある RI の密着度がそれだけ悪くなる．しかし薄くすると RI の単位面積当たりの放射能が少なくなるので露出時間を必要とす

る．このため，試料中のRIの絶対量が少ない場合には解像力を少々犠牲にしても厚い標本をつくらねばならない．ただし測定するβ線の飛程より厚い試料をつくるのは無意味である．

③乳剤膜は薄いほど解像力がよい．ただし飛跡オートラジオグラフィの場合は乳剤膜は乳剤中の飛程よりも厚くしなければならない．

④β線の写真作用はエネルギーが小さいほど大きいので，飛跡の終点近くで黒化作用が大きくなる．したがってβ線のエネルギーが大きいと広範囲を黒化するので解像力が悪くなる．

⑤乳剤のハロゲン化銀粒子が細かいほど解像力はよくなるが，β線の当たる確率が小さくなるので感度は落ちる．

⑥露出時間を長くすると背景カブリも増してくるので，放射能の強い標本では露出時間を短くするのが望ましい．

2 マクロオートラジオグラフィ用試料調製

　マクロオートラジオグラフ法は，RIをペーパークロマトグラムやろ紙電気泳動に用いた展開紙や植物の根，茎，葉，動物の組織のどの部分にRIが蓄積されているかを研究するのに使われる．一般に，RIを投与した動植物の軟組織は，生理作用を止め，10倍に希釈したホルマリンで十分固定したあと水洗し，次いで50％，70％，80％，90％，95％アルコール，無水アルコールに順次入れる．さらにキシレンに入れ最後にパラフィン（あるいはセロイジンやカーボワックス）で包埋する．骨などの硬い組織は塩化アルミニウム，塩酸，ギ酸，水を混合してつくった脱灰液で脱灰して標本をつくることもある．標本をつくる過程でRIが失われる恐れもあるので注意を要する．こうしてできた標本は厚いほど，解像力が落ちるので5〜30 μm 程度の薄片にして試料とする．展開したペーパークロマトグラムのろ紙は，展開剤を完全に蒸発させて乾燥させ，X線フィルムに密着させる．^{32}Pのように高エネルギーβ線を出すものでは，その間にセロハン紙を挟み試料に含まれる薬品による化学的なカブリを防ぐようにする．図3-15はラットにビタミンB_6を投与して得たオートラジオグラフィの写真で，白い部分がRIの存在部分に相当する．

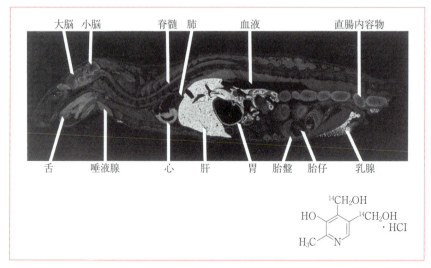

図 3-15. 腸栄養剤 S-185 中のビタミン B_6 の分布
妊娠 13 日目ラットに ^{14}C-ビタミン B_6 含有 S-185 を経口投与（投与量は S-185 10 g/ビタミン B_6 0.1 mg/kg）後 24 時間における全身オートラジオグラム．
（大槻俊治，他：基礎と臨床，16，裕文社，1982）

3 ミクロオートラジオグラフィ用試料調製

　ミクロオートラジオグラフィはおもに生物の組織の研究，あるいは微細なときには細胞内の RI の分布状態の研究に利用される．一般によく使われている 3 つの方法について説明するが，下記のほかにスメア法，ディップコート法（浸漬法），インバート法などがある．このうちコンタクト法はマクロオートラジオグラフィでよく使われている手法である．

1）コンタクト法

　この方法は図 3-16 に示すように試料と乾板またはフィルムの乳剤膜面とを合わせただけの最も簡単な方法である．骨やその他の硬い組織などの試料を 5〜10 μm の厚みの切片とし，スライドガラスに固定して染色したあと，95％アルコールおよび無水アルコールで処理する．次いで 1％セロイジンのエーテル，アルコール溶液中に浸して，化学カブリを防ぐのにちょうどよい厚みのセロイジン膜をつくる．

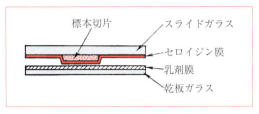

図 3-16. コンタクト法

2) マウント法

血液，骨髄液などを直接，乾板の上に塗布し，そのまま露出，現像する方法である．簡単であるが，試料と乳剤が直接触れているため化学カブリの生じる可能性が大きい．このため低温で露出を行うなどして化学カブリを抑える．

3) ストリップ法

ミクロオートラジオグラム法の中で最も広く用いられている方法で，まず組織切片をスライドガラスの上に貼布し，フォイゲン，パス，エオジンなどで染色したあと，1%セロイジンのアルコール-エーテル等量溶液でセロイジン処理してセロイジン膜をつくる．次に乳剤とスライドガラスがよく固着するように0.5%のゼラチン溶液(0.01%クロムミョウバンと0.01%のアルコールを含む)に浸したあと，よく乾燥する．一夜放置したあと，暗室の中でストリップ乾板を20℃の1%グリセリン溶液に浸すなどして乳剤膜をガラスから剥いでガラスに固着していた面をそのままスライドガラスの上に覆う．水中から出してしわを伸ばし，余滴を除いたのち乾燥させ，冷暗所で露出を行う．

4 イメージングアナライザー用試料調製

X線フィルム法に比べ，数十倍の放射線検出感度をもつ高感度放射線エネルギーセンサー，IPが開発された．これはフィルムの代わりにIPを使うもので，^{3}H，^{14}C，^{32}P，^{33}P，^{35}S，^{125}Iなどのβ線，軟γ線放出核種を測定できる．試料はマクロオートラジオグラフィ用試料調製法と類似の方法でよく，化学カブリの心配はない．センサー部であるIPは繰り返し使用するのでIPを傷めないようにするため，IP表面にラップフィルムを敷くか，試料をラップフィルムでく

るんで露出させる．ただし，^{3}H はエネルギーが弱いので試料を直接 IP に密着させるので IP は使い捨てとなる．試料露出の際には試料の水分，有機溶媒を十分乾かし，IP を変形させない注意が必要である．IP は線量を記録するので測定後試料中の RI の強度分布を知ることができる．

1) イメージングプレート（IP）

　IP は，ポリエステルの支持体の上に輝尽性蛍光体（BaFBr：Eu^{2+}）の微結晶を塗布したものである．この結晶を画像記録体として放射線のエネルギーを記録蓄積する．このため複数核種の個別測定も可能である．放射線が当たると蛍光体が励起状態になり，励起状態が保持されることで記録される．露光後画像読み取り装置で，IP に特定波長のレーザビームを当て，記録面を走査すると，蛍光体が記録量に応じた蛍光を発するのでこの光を光電子増倍管で検出する．使用後は波長の異なる光を均一に照射することでメモリーは消去され，繰り返し使用できる．現在では，検出感度はフィルム法より勝るが，位置分解能が必要なミクロオートラジオグラフィには適していない．IP は X 線フィルムに比べて 1,000 倍程感度が高いので，短時間の露出でよい．

― 演習問題 ―

問1. 放射化学の実験操作で正しいのはどれか．一つ選べ．
　　（診放技国試 平成23年）
　　　　a．除染しにくい核種はフード内で扱う．
　　　　b．あらかじめ cold run で問題点を調べておく．
　　　　c．実験台にはビニールろ紙のビニール面を上にして敷く．
　　　　d．短半減期核種使用時はゴム手袋を着用しなくてもよい．
　　　　e．放射性物質の飛散を避けるため安全ピペッターを使用する．

問2. ^{140}Ba－^{140}La から ^{140}La の分離で誤っているのはどれか．一つ選べ．
　　（診放技国試 平成17年）
　　　　a．保持担体として Ba^{2+} を添加する．
　　　　b．共沈剤として Fe^{3+} を添加する．
　　　　c．^{140}Ba は $Fe(OH)_3$ と共沈する．
　　　　d．^{140}La を無担体分離することができる．
　　　　e．Fe^{3+} は溶媒抽出法で分離する．

問3. 溶媒抽出法で Fe^{3+} と $^{140}La^{3+}$ を分離する．誤っているのはどれか．一つ選べ．
　　　　a．水溶液と有機溶媒の量は同量が望ましい．
　　　　b．6 mol/L の塩酸溶液を用いる．
　　　　c．ジイソプロピルエーテルを用いる．
　　　　d．鉄（Ⅲ）はクロロ錯体（$FeCl_4^-$）となる．
　　　　e．$^{140}La^{3+}$ はエーテル溶液に移る．

問4. 放射性核種の分離で正しくないのはどれか．一つ選べ．
　　（診放技国試 平成23年類題）
　　　　a．共沈法は担体を加え沈殿反応を利用する．
　　　　b．溶媒抽出法は液相の分配係数の違いを利用する．
　　　　c．イオン交換クロマトグラフィは交換平衡定数の違いを利用する．

d．ジラード・チャルマー法は反跳現象を利用する．
　　e．ペーパークロマトグラフィでは電荷の違いを利用する．

問5．放射性核種の分離法と核種の組み合わせで間違っているのはどれか．一つ選べ．（診放技国試 平成18年類題）
　　a．ラジオコロイド法　　　^{90}Y
　　b．ジラードチャルマー法　　^{99}Mo
　　c．ガス拡散法　　^{238}U
　　d．イオン交換クロマトグラフィ　　^{60}Co
　　e．溶媒抽出法　　^{59}Fe

問6．オートラジオグラフィで解像力を高めるのはどれか．一つ選べ．（診放技国試 平成14，16年類題）
　　a．高エネルギーβ線を利用する．
　　b．厚い試料を使用する．
　　c．感光乳剤に粒子の粗いものを使用する．
　　d．試料とフィルムを密着させる．
　　e．露出時間を長くする．

4章 放射線と物質との相互作用

SUMMARY

放射線はα線，β線，γ線など，それぞれ特徴をもち，それぞれ物質との相互作用も異なる．放射線と物質との相互作用には輻射性相互作用，非輻射性相互作用，弾性衝突の3つがある．放射線の有効利用，あるいは放射線を安全に取り扱うためにも放射線と物質の相互作用について知っておくことは重要である．

A. 電離放射線の挙動

放射線化学における化学変化は，放射線が物質に吸収された結果起こるものであり，化学変化は放射線の種類により異なる．放射線のエネルギーは，化学結合（数 eV）やイオン化エネルギー（数 eV～数+eV）よりもはるかに大きいので，物質中の原子や分子を励起あるいは解離する．放射線はイオン化力という点から，① 荷電粒子，② 中性粒子，③ 電磁波に分けられる．荷電粒子は原子や分子と相互作用しながら減速する．これを衝突と呼ぶと，荷電粒子は，ほかの粒子と衝突して自らの内部エネルギー，運動エネルギーおよび粒子のモーメントが変化する．2粒子間の衝突によって運動エネルギーにのみ変化があると，それは**弾性衝突**といい，ほかに内部エネルギーの交換やイオン化などがあった場合には，**非弾性衝突**という．衝突によって得た運動エネルギーが，自らの原子を励起するのに必要なエネルギーより小さいと，弾性衝突が起こり，それより大きいと原子は励起される．また，荷電粒子が原子の電場中を飛行すると，減速され，それによって失われるエネルギーは，電磁波として放射される．この現象は衝突の定義と一致しないが，荷電粒子が原子核の近傍を通るときに一般的にみられる現象で，これを**輻射性衝突**という．

B. 荷電粒子と原子との相互作用

荷電粒子が吸収物体中を通るときに3つの異なる相互作用が起こり，これらの相互作用の起こる割合は，粒子の有するエネルギーによって異なる．

1 荷電粒子の衝突

a 輻射性衝突

高速荷電粒子が原子核の電場の中を通るときその速度が減速され，連続エネルギー分布をもつ電磁波が放出される．荷電粒子の飛行距離当たりの**制動放射**により失われるエネルギー損失は

$$-(dE/dx)_{rad} = Kz^2Z^2/m^2$$

で与えられる．z と m は荷電粒子の電荷と質量，Z は荷電粒子を減速させる原

子の原子番号で，Kは定数である．この式からエネルギー損失が大きいのは，原子量の大きい媒体に粒子が当たったときであることがわかる．電子の運動エネルギーの損失は，電子のエネルギーが大きいと急激に大きくなる．100 eVの電子が水中を通るときには，エネルギーの半分が放射線の放出によって失われる．一方，陽子やα粒子などの輻射性衝突は100 MeV以上のエネルギーを有するときに重要になってくる．

b 非弾性衝突

　高速荷電粒子が，媒体中を通るとき制動放射によって失われるエネルギーが小さいときは，運動エネルギーの大部分は，媒体中の電子との静電的相互作用によって失われる．荷電粒子が分子に近づくと，荷電粒子の電場が分子の電子に影響を与え，荷電粒子の運動エネルギーは，電場を通して分子に内部エネルギーとして与えられる．つまり，分子中の電子のいくつかは基底状態から励起状態に押し上げられ，分子は励起状態になる．受け取ったエネルギーが大きいと，イオン化を起こす．エネルギーが荷電粒子から分子へ荷電粒子の電場を通して移行するならば，荷電粒子の電場が強くなるほど，また，荷電粒子のエネルギーが大きくなるほど，エネルギー移行の機会は増す．荷電粒子がゆっくり動くと，電子が荷電粒子にさらされる時間が増すためエネルギー移行の確率は増す．たとえば，α粒子と電子が同じ運動エネルギーをもち，同じ媒体中を飛行することを考えてみよう．α粒子は質量が大きいのでゆっくり飛行し，さらにα粒子の電荷は，電子の2倍であるからイオン化密度はα粒子のほうが電子よりもはるかに大きい．生成されるイオン化密度と励起種の密度は，媒体の粒子密度に依存し，これが大きいことは非弾性衝突が大きいことになる．荷電粒子はそれ自体の運動エネルギーを媒体に与えながら飛行するので，運動エネルギーは次第に小さくなる．このため飛行行程の終わりになるにつれ，イオン種，励起種の密度は増大する．

c 弾性衝突

　電子は弾性衝突すると，原子核の電場とのクーロン相互作用によってそのコースが逸れる．一方，原子核はその質量が大きいので弾性衝突前後での位置はあまり変わらない．原子核の電場が大きいほど弾性衝突は重要になり，粒子

の速度が遅いほど大きく逸れる．つまり弾性衝突は，高質量の媒体中を低エネルギーの粒子が飛行するとき重要になる．

上記3つの相互作用のうち，前者の2つのみがエネルギーを失う．飛行距離当たりのエネルギー損失を$-dE/dx$で表すと，$-dE/dx = -(dE/dx)_{rad} - (dE/dx)_{coll}$の和になり，これを阻止能 stopping power という．吸収体の厚みを厚さに密度を乗じた面積質量（gcm^{-2}）で表し，面積密度当たりのエネルギー損失で表した質量阻止能 cm^2/g で表すことが多い．おもにα線に対する物質の阻止力を比較するときに使われる．一方，線質の差を表すときは，線エネルギー付与 linear energy transfer （LET）を使う．これは単位距離 $1\mu m$ 当たりの飛行跡に沿った近傍で物質に与えられる運動エネルギー（keV）である．たとえば，水へのLETはβ線，γ線では $3.5\ keV/1\mu m$ 以下で，陽子では $7 \sim 23\ keV/1\mu m$，α線では $23 \sim 53\ keV/1\mu m$ の値が報告されている．

2 荷電粒子の飛程

a α粒子の飛程

飛程は入射点からもはやイオン化を起こすエネルギーを有しない点までの長さと考えられる．α粒子は質量が大きいため進行方向があまり変わらず，周りの分子をイオン化あるいは励起しながら進む．しかし，末端近くでは速度が遅くなるために弾性散乱が起こりやすくなり，かなりの進行方向の変化がみられる．α粒子の場合，図4-1のようにはっきりした飛程が定められるのは，α粒子のエネルギーが線スペクトルであること，ほとんど直進すること，1回の衝突で失うエネルギー損失量がβ線のときのように広く分布しないことによる．α粒子の飛程は $4 < E < 7\ MeV$ の範囲では実験式として

$$R_{air}(cm) = 0.318 E^{3/2}$$

で与えられる．

図4-1の曲線 I は，電離箱を使って ^{210}Po の α 線 （5.30 MeV）の飛程の各点におけるイオン対の密度を測ったもので，ブラッグ曲線 Bragg Curve という．標準状態（15℃，760mHg）の乾燥空気中でのα粒子のエネルギーと飛程との関係を図4-2に示す．ちなみに，^{226}Ra（4.78 MeV）のα線の飛程は，空気中で約 3.3 cm で，水中で $33\mu m$ である．

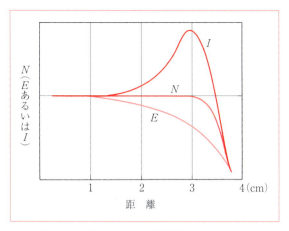

図 4-1. ^{210}Po の α 線の透過距離（空気中）と N, E, I との関係
N：粒子数，E：粒子のエネルギー，I：イオン化量

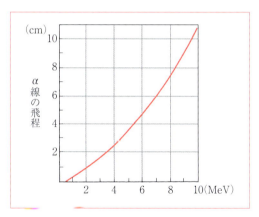

図 4-2. 乾燥空気中の α 線のエネルギーと飛程との関係

b 電子の飛程

　電子（β線）は，しばしば弾性衝突を起こし，進行方向が変わる．そのため，単一エネルギーの電子線を入射しても，飛程は個々に異なり，最大飛程が存在するのみである．図 4-3 に ^{32}P の β 線のアルミニウムによる吸収曲線を，図 4-

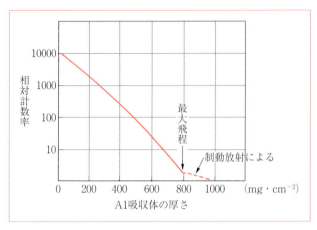

図 4-3. ^{32}P の β 線のアルミニウムによる吸収曲線

4 に β 線のエネルギーと Al 中での最大飛程との関係を示す．吸収曲線は指数関数的であるが，これは γ 線の場合のように原理的に指数関数的になるのではない．β 線の飛程は，近似的には β 線のエネルギーが，

$E>0.8$ MeV のとき　　　　　$R=0.542E-0.133 \, (\mathrm{g/cm^2})$

$0.8>E>0.15$ MeV のとき　　$R=0.407E^{1.38} \, (\mathrm{g/cm^2})$

で与えられる．

飛程 R は単位面積当たりの吸収体の質量（g cm^{-3}×厚さ cm）で，E は MeV で表す．上の式をフェザー Feather の式といい，相対計数率と吸収板の厚さとの関係図（吸収曲線）を作成し β 線の最大飛程を求める方法を Feather 法という．β，γ 線の透過力を半分にする材料の厚みを 半価層 と称し，遮へいを考えるときによく使われる．いくつかの β 線放出核種に対する半価層の値を表 4-1 に示す．

β 線の最大飛程は，実際の行程距離よりかなり短い．深くなるにつれ，深部に到達するのは吸収体中で生じた β 線の制動放射による X 線である．β 線が入射すると一部は，物体中での多数回の散乱を受けて入射方向と反対方向に戻ってくることもあり，これを 後方散乱 という．支持物体の厚さを変えて，それがほとんどゼロであるような薄さから，ある有限な厚さにした場合の増加の割合をその厚さにおける後方散乱係数（図 4-5），また厚さを十分に厚くした場合の

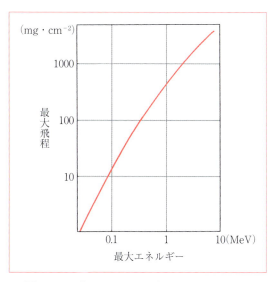

図 4-4. β線の最大エネルギーとアルミニウム中での最大飛程との関係

表 4-1. いくつかのβ線放出核種に対する半価層の値

核　種	β線のエネルギー (Mev)	吸収板の材料	半　価　層 (mg/cm²)
^{93}Zr	0.060	Al	0.35
^{14}C	0.156	Al	1.9
		マイラー	2.2
^{35}S	0.167	Al	2.3
		マイラー	2.7
^{87}Rb	0.283	Al	4.85
^{45}Ca	0.257	Al	4.9
^{99}Tc	0.294	Al	6.09
^{36}Cl	0.709	Al	32
^{40}K	1.31	Al	67.0
^{32}P	1.711	Al	84
^{90}Y	2.280	Al	130

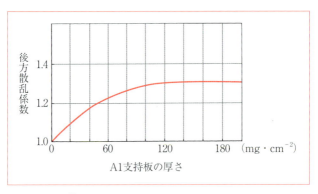

図 4-5. ^{32}P に対するアルミニウム支持体の厚みと後方散乱係数との関係
(日本アイソトープ協会:ラジオアイソトープ講義と実習,丸善,1975.)

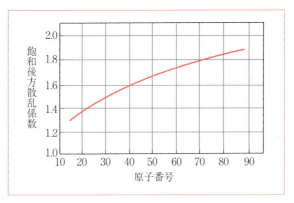

図 4-6. ^{32}P に対する飽和後方散乱係数と支持体の原子番号との関係
(日本アイソトープ協会:ラジオアイソトープ講義と実習,丸善,1975.)

散乱係数を飽和後方散乱係数という.飽和後方散乱係数と支持体の原子番号との関係を図 4-6 に,β線の最大エネルギーとの関係を図 4-7 に示す.後方散乱係数は,β線のエネルギーが大きいほど,また支持体の原子番号が大きいほど大きい.また同一物質ではβ線のエネルギーが 0.6 MeV 以上ではほぼ一定である.

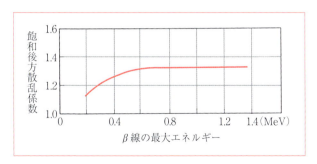

図4-7. アルミニウムに対する飽和後方散乱係数と
β線の最大エネルギーとの関係
（日本アイソトープ協会：ラジオアイソトープ講義
と実習，丸善，1975.）

C. X線, γ線と原子との相互作用

γ線は核の励起状態から放出される波長の短い電磁波で，X線は原子の励起状態の解消や電子の運動に付随して放出される電磁波である．電磁波は物質中を通過するときに次のような相互作用によりエネルギーを失って減衰する．厚さdの物質を通過した電磁波の強度Iは，入射した電磁波の強度をI_0とすると，

$I = I_0 e^{-\mu d}$

で表せる．定数μは，吸収層の厚みをcmで表したときの線吸収係数である．あるいは線減弱係数ともよばれる．吸収層の厚みを単位面積当たりの質量で表した場合には，$I = I_0 e^{-\mu_m d}$となり，μ_mを質量吸収係数あるいは質量減弱係数という．$\mu_m = \mu/\rho$である．ρは吸収体の密度を表す．電磁波と物質との相互作用には主として次の3つの過程がある．

1）光の二重性

光は電磁波すなわち波動としての特性のほかに粒子（これを光子あるいは光量子という）としての性質をもつ．これを光の二重性という．光は振動数νをもつ電磁波であり，またエネルギーEをもつ光子または光量子でもあるわけで，この関係が$E = h\nu$のプランクPlanckの式で結びつけられる．光子の概念はEinsteinが光電効果を説明するのに導入したものである．

1 光電効果

　0.1 MeV以下の低エネルギー電磁波では，光子が原子に吸収されてそのエネルギーにより原子の内殻電子が電離される．光子のエネルギーがK殻電子の電離エネルギーより大きいときに，光子が原子に吸収されて，電子は $E = h\nu - W_K$ の運動エネルギーをもって飛び出す．これを**光電効果** photoelectric effect といい，光の粒子性を示す現象である．光電効果はK殻電子で最も起こりやすいが，光子のエネルギーがさらに小さくなると，光子はK殻電子に吸収されずL殻電子に吸収される．$W_K > W_L$ で W_K, W_L はそれぞれK殻，L殻電子の結合エネルギーである．電子の飛び出した原子は励起状態にあるため基底状態にもどるためにX線を出す（これを特性X線という）．このときX線を放出しないでさらに1個の電子が放出される場合があり，これを**オージェ効果** Auger effect という．オージェ効果は次々と起こり，数個の電子が放出されることもある（**オージェカスケード**）．こうして放出されるオージェ電子は，不連続エネルギー分布をもつ．脱励起過程における特性X線の放出とオージェ効果は互いに競争する過程である．

2 コンプトン効果

　0.05〜5 MeVの電磁波では，光子と静止自由電子との弾性衝突がよく起こる．**コンプトン効果** Compton effect とよび，その様子を図4-8に示す．光子はエネルギー $h\nu$, 運動量 $h\nu/c$ の粒子と考えることができ，衝突後，光子はエネルギーを失い $h\nu'$（$\nu > \nu'$）になり散乱される．電子の得た運動エネルギーを E, 運動量を p とすると，$h\nu$ と $h\nu'$, E の間にはエネルギー保存則と運動量保存則が成立する．この関係は，

$$h\nu = E + h\nu'$$

$$\frac{h\nu}{c} = p\cos\phi + \frac{h\nu'}{c}\cos\theta$$

$$p\sin\phi + \frac{h\nu'}{c}\sin\theta = 0$$

と書ける．ここに m は電子の静止質量，c は光速，ν および ν' は入射光子および散乱光子の振動数である．コンプトン散乱により生成した電子は運動エネ

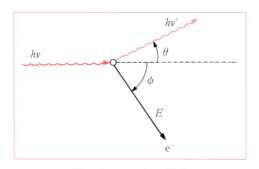

図 4-8. コンプトン散乱
$h\nu$：入射光子のエネルギー
$h\nu'$：散乱光子のエネルギー
E：電子のエネルギー

ギーを得，その最大エネルギーは入射光子のエネルギーよりおよそ 0.25 MeV だけ小さいところにある．一方，放出される γ 線は連続スペクトルとなるが，全エネルギーピークよりおよそ 0.25 MeV 小さいところにピークが現れる．これを**コンプトン端**という．

3 電子対生成

電磁波のエネルギーが $2mc^2 = 1.02$ MeV 以上になると，γ 線と原子の電磁場との相互作用によって光子が吸収されて，電子，陽電子の対が生成される．エネルギー保存則より，

$$h\nu = 2mc^2 + E_+ + E_-$$

E_+, E_- は生成した陽電子および電子の得た運動エネルギーで，$mc^2 = 0.51$ MeV である．

生成した陽電子の寿命は，約 10^{-10} 秒で，物質中の電子と結合して消滅し，このとき 2 個の 0.51 MeV の光子を生成する．この光子を**消滅 γ 線**という．

上に述べた 3 つの過程の起こるそれぞれの割合は，電磁波のエネルギーに依存する．その様子を図 4-9 に示す．全吸収断面積は

$$\sigma = \sigma_{光電効果} + \sigma_{コンプトン効果} + \sigma_{電子対生成}$$

の和で表される．エネルギーの弱い電磁波は主として光電効果によりエネル

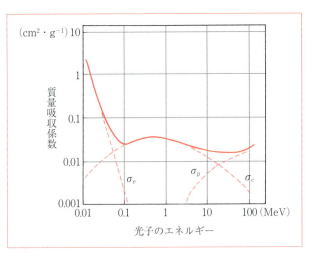

図 4-9. 水中での光子の吸収係数
実線は全吸収係数
σ_e：光電効果による質量吸収係数
σ_c：コンプトン効果による質量吸収係数
σ_p：電子対生成による質量吸収係数
放射線の測定法と線量測定法

ギーが吸収され，0.05～10 MeV では主としてコンプトン効果によりエネルギーが吸収され，10 MeV 以上の電磁波では電子対生成 pair production によりエネルギーが消費される割合が多くなる．一般には 1 MeV 程度の γ 線を放出する核種が多いので，コンプトン効果の寄与が大部分を占めるが，コンプトン効果によりエネルギーの弱くなった散乱放射線は光電効果を起こすことになる．光電効果が起こると電子が生成され，この電子は検出器内に留まるので検出器内で全エネルギーを放出する．つまり，γ 線の全エネルギーに相当するピークを与える．コンプトン効果では散乱された光子が検出器より漏出すると，その分だけエネルギーが低くなったところにピークを与える．このために γ 線スペクトル全体に計数を与える．また全エネルギーピークから 0.25 MeV 小さいところにコンプトン端を与える．電子対生成が起こると消滅 γ 線を検出することになるので 0.51 MeV にもピークを与える．

D. 中性子と物質との相互作用

　中性子は電荷をもたないので電場効果による電子や原子核との直接の相互作用はない．しかし，中性子は磁気モーメントを有するので，物質の磁気的性質を研究するための中性子回折に使われる．相互作用の一つは原子核との衝突であり，直接にはイオン化も生じない．また中性子は粒子のサイズが小さいので衝突の確率も小さくなり荷電粒子よりも深く貫通する．中性子を最もよく減速するのは水素原子との衝突である．

　弾性衝突は1 MeV以上のエネルギーを有する中性子に対して重要である．中性子のエネルギーが数百 keV 程度になると非弾性衝突が起こり，核の励起もみられるようになる（(n, n) 反応）．中性子が核反応のしきいエネルギー以上をもっていると，(n, p) 反応も起こることがある．また中性子が熱エネルギー（約 0.025 eV）程度の運動エネルギーを有するときには熱中性子という．そのエネルギー分布は Maxwell の速度分布をもつ．中性子捕獲反応（n, γ）反応が起こり，^{115}In や ^{109}Ag ではこの核反応断面積が大きい．中性子の平均寿命は約 15 分で，β^- 壊変して陽子に変わる．

E. チェレンコフ効果

　チェレンコフ輻射は，光速に近い荷電粒子が光の屈折率 n が1より大きい物質を通過するときに出る光のことである．ちなみに屈折率1.33の水中での ^{60}Co のチェレンコフ光は青色である．物質中を伝わる光の速度は c/n であるから，チェレンコフ放射を起こす荷電粒子の速度は，$v \geq c/n$ でなければならない．この関係式より，この現象にはしきいエネルギーが存在する．図 4-10 で，c を光速，n を屈折率，v を電子の速度とすると，荷電粒子が P_1 から P_2 に移動する時間と光が P_1Q_1 に進む時間が等しければ，光の位相は重なるから，$\cos\theta = c/nv$ となり，θ の方向へ強い光が出る．これがチェレンコフ光である．

F. 放射線の測定法と線量測定法

　放射線測定と一口にいっても測定される粒子には α, β, γ, 中性子線とあり，

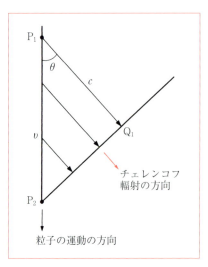

図 4-10. チェレンコフ輻射の原理

そのエネルギーは keV から 10^9 eV 以上に達するものまであるので,測定に使う原理と方法は異なる.また測定といっても単に放射線が出ていることを知ればよいといったようなものから,その放射線の種類,エネルギー分布あるいは放射能の絶対量を知る必要のあるような測定まで測定内容に差がある.放射線の検出は原理的に放射線の電離作用を利用する.そのため中性子とか電磁波などは物質との相互作用を利用して荷電粒子を二次的に生成させて測定する.生じた荷電粒子の検出には電気的な検出器,光を利用する検出器,飛跡を利用する検出器がある.

1 電離箱による測定

図 4-11 に示すように気体(アルゴン,あるいは窒素)を封入した2つの電極間に電界をつくっておくと,放射線の作用によって生じた気体のイオン対はそれぞれの電極へ移動する.電界の強さが弱いときには生じたイオンのうちの一部は電子と再結合するが,電界の強さが大きくなるにつれ再結合の起こる度合は減少し,適当な電界の強さに達すると生じたイオン対はすべて電極に集められ,電離電流は飽和するようになる(図4-12).電離箱を流れる電流は,通

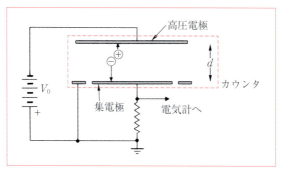

図 4-11. 平行板型電離箱

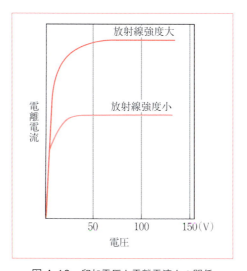

図 4-12. 印加電圧と電離電流との関係

常 $10^{-12} \sim 10^{-16}$A 程度であり,このような微少電流を測定するには電流を高抵抗を通してその両端の電位差を読むことより求められる.電離箱は一般に室内の線量測定に利用される.サーベイメータには,線量率測定に使われる電離箱式サーベイメータ,おもに β 線を測定する GM 計数管式サーベイメータ,γ 線を測定する NaI シンチレーション式サーベイメータなどの種類がある.さらにサーベイメータを使用するときには,測定器の放射線に対する感度,検出限界

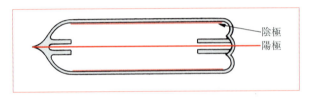

図 4-13．GM 計数管の構造

計数率，エネルギー特性，方向特性などの諸特性を知っておく必要がある．

a 空気壁電離箱

　壁が合成樹脂のように空気に近い原子番号をもった材料でつくられ，その厚さがその中で光子によって生じた二次電子の平均飛程より厚く，かつ電磁波の減衰が無視されるとすれば，箱の中に発生した電離量が照射線量と関連づけられる．毎秒 1R の線量率の場所に体積 $1,000 \text{ cm}^3$ の空気壁電離箱をおけば電離箱内の空気 1 cm^3 当たりに毎秒 1esu の電荷を運ぶだけのイオンがつくられるから 1esu/(sec・cm^3)×$1,000 \text{ cm}^3$ = 3.3×10^{-10}（クーロン）×1,000 = 3.3×10^{-7} A の電流が流れることになり，検出器で検出されるようになる（1 クーロンとは 1 アンペアの電流を 1 秒間流したときに得られる電気量）．

2 GM 計数管による測定

　GM 計数管は図 4-13 のように陽極が細い金属の線でできており，この線の近くの電界は大きく（$\Delta V = k \ln (b/a)$，ここに a は中心線の半径で，b は陰極の半径である），電子はこのため加速されて，ガス分子との衝突によって新たにイオン対をつくるほどの大きなエネルギーを得る．こうして電子なだれとよばれる現象が生じる．このために数多くの電子が陽極に流れ込み大きな電流の脈流を生じ，これは一種の増幅現象であってガス増幅とよばれる．脈動の大きさが一次電子の数に比例するとき比例計数管という．ガスの封入圧が高いと測定効率は増すが，電子の加速が鈍り増幅率が小さくなる．
　GM 計数管では中心線の近傍で電界が大きいためイオン解離が起こり，電荷の大部分は中心部にあり，このため中心部に誘起される電圧は小さく，陽イオ

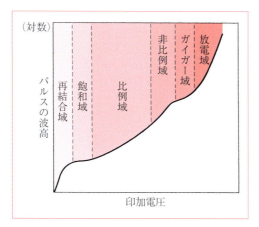

図 4-14. ガスカウンタにおける印加電圧と出力パルスの波高との関係

ンの移動によって電流パルスが生じる．図 4-14 に示すように計数管にかける電圧をさらに上げていくとガス増幅率も増すが，一次電子の数と脈動の大きさとの比例性が失われ，ついには一次電子の数とは無関係につねに同じ大きさの出力パルスが出るようになる．この電圧領域をガイガー域といい，この領域で作動する計数管をガイガーミューラ Geiger Müller（GM）計数管という．アルゴンのような不活性気体だけを封入した計数管では，一度起こった放電はそのままでは止まらないため電圧を下げる（外部消滅型）か消滅ガスを入れる．消滅ガスとしてはエチルアルコール，エチレンなどが封入してある．消滅ガスが有機分子の場合，放電ごとに解離するため計数管には寿命がある．また消滅ガスとして塩素，臭素などのハロゲンガスを使用したものがあり，ハロゲン計数管と称している．ハロゲン計数管は低圧（200〜700 V）で作動する，半永久的寿命があるなどの利点があるがプラトーが短い欠点がある．

中性子検出用には BF_3 比例計数管や ^3He 比例計数管ならびに $^6Li(n, \alpha)$ 反応を利用した中性子検出器がある．前者は $^{10}_{5}B(n, \alpha)^{7}_{3}Li$ の核反応の，後者は $^{3}_{2}He(n, t)^{1}_{1}H$ の核反応の断面積が大きいことを利用したものである．^3He 比例計数管では熱中性子から約 15 MeV までの高速中性子の測定ができるように減速材にポリエチレンを使用している．内部にホウ素化合物を使用して，カウン

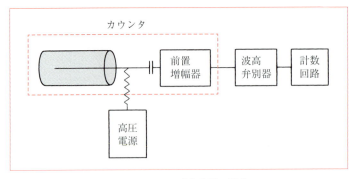

図 4-15. GM 計数装置の構成

タ内部で$^{10}_{5}$B(n, α)$^{7}_{3}$Liの核反応も起こさせ生成したα線を検出するように設計されている.

ⓐ GM 計数管

　GM 計数管は β 線, γ 線, X 線などを測定するのに最も広く使われている検出器で端窓型, 側窓型, 液浸型など使用目的に応じていろいろなものがある. GM 計数装置の構成図を図 4-15, 計数管にかける電圧と計数率特性との関係を図 4-16 に示す. 管中には 100 mmHg のアルゴンと消滅ガスとして 10 mHg のエチルアルコールが充填されている. 線源を計数管内に入れられるようになっているガスフロー型ではヘリウムと 4% イソブタンの混合物（Q ガス）が使われる. Q ガスはエネルギーの小さい β 線の測定に使われる. GM 計数管の不感時間は 200～500 µs と長いため高計数率の測定の際には計数率を補正する必要がある. n を 1 秒当たりの真のカウント, n' を 1 秒当たりの測定したカウント, τ を不感時間（秒）とすると, $n = n'/(1 - n'\tau)$ となる. 仮に, $n' = 500$ カウント/秒, $\tau = 250$ µs とすると約 12% の数え落としになる. GM 計数管は β 線の測定に最もよく使われている. β 線の測定では計数管の窓の厚みにより計数率は異なるので, ソフト β 線の測定に使用するときは, 窓の厚みを確かめておく必要がある. GM 計数管の窓の厚みと β 線の透過率との関係を表 4-2 に示す.

　計数管による X 線, γ 線の検出は, 電極に当たった X 線, γ 線からの二次電子を利用する. エネルギーが低く光電効果が多く効く領域では電極の材料の原

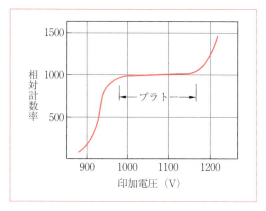

図 4-16. GM 計数管の電圧―計数特性

表 4-2. GM 計数管の窓の厚みと β 線の透過率および飛程

核種	最大エネルギー E_{max} (MeV)	透過率（窓の厚み, %）			飛程 (mg/cm²)
		d=30 mg/cm²	4 mg/cm²	1.4 mg/cm²	
³H	0.0186	0	0	0	0.2
¹⁴C	0.156	0.03	1.5	20	24
⁴⁵Ca	0.257	1.5	38	82	80
⁹⁰Sr	0.546	31	86	95	220
³²P	1.711	72	95.5	98.5	810

子番号 Z が大きいほど有利である．一般には陰極材にはコバールまたはクローム鉄が使われている．コンプトン効果の効く領域では壁の材料によってあまり差がない．これは電子の飛程がだいたい Z に逆比例し，コンプトン電子の数は Z に比例するためである．高エネルギー γ 線の対生成では Z が大きいほどよい．

3 シンチレーションによる測定

　荷電粒子が硫化亜鉛 ZnS（Ag）やアントラセンなどに当たると蛍光を発する現象（これをシンチレーションという）を利用したもので，この光を光電管の窓の内面に蒸着された光電面に当てて，光電子を得る方法である．シンチレータには固体，液体，気体とあり，シンチレーション計数装置は蛍光を出すシン

チレータ,光電子材料,光電子増倍管,計数回路から構成される.

ⓐ 光電子増倍管

光電子増倍管 photomultiplier は,光が当たると電子を放出する光電子放出面と陽極から構成され,これを多段に組み合わせて光電子を増幅する真空管である.金属または半導体の表面に光が当たると表面近くにある電子が飛び出す.光の振動数を ν,飛び出す電子の速度を v とすると,この系のエネルギーの収支は

$$mv^2/2 = h\nu - \phi$$

となる.

ϕ は仕事関数といい,物質によって定まった値をもつ.

たとえば,450 nm の光は $h\nu = 2.74$ eV になるから,ϕ が 2.74 eV 以下でないと光電面から光は出ない.光量子が仕事関数の山を越えて出る前にほかのイオンや分子と衝突してエネルギーを失うため,放出される光子の量は入射光量子数に比例するが,必ずしも 1 個の入射光に 1 個の光電子が対応しない.光電子の出る割合を量子効率と呼び,現在よく使われている Cs-K-Sb では 28 % に達する.図 4-17 に光電子増倍管の構造の例を示す.光電管内で電子を加速し,直接増幅するようになっている.一次電子のエネルギーが 150 eV ぐらいで金属に電子を当てると,その電子が反射してくるほかに金属内部の電子が飛び出してくる.この現象を二次電子放出といい,これを利用して増幅する.二次電子放出能を $\delta > 1$ で示すと,いま増幅段数を m とすれば増幅度は $(\delta)^m$ に比例する.m は一般に 9〜14 である.図中の光電面は光電子を出すところでダイノードは二次電子放出物質をもった極のことを指す.光電子増倍管内は,低エネルギー電子がかなりの行程を走るので,弱い磁場のもとで行程が曲げられる恐れがある.そのため光電管はミュウメタルなどで磁気シールドされている.

ⓑ シンチレータ

シンチレーションを起こす物質をシンチレータ scintillator という.シンチレータは吸湿性がなく融点が高く透明で酸化されにくいものがよい.シンチレータの特性としては,光電管の感応特性が 300〜600 nm にあるので,シンチレータもこれと同じ波長の蛍光を出すのがよい.蛍光がこれより短波長にある

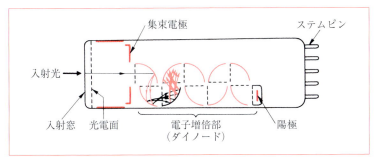

図 4-17. 光電子増倍管の構造（ヘッドオン型）

場合は波長シフターを使用して蛍光を長波長に変換する必要がある．波長シフターは，物質の発光スペクトルはその物質の吸収スペクトルより常に長波長側にあることを利用している．

  シンチレーション効率　$S=$ 励起光子の全エネルギー/放射線エネルギー

  蛍光収率(量子)　$Q=$ 蛍光(量子)放出の分子数/励起光子の分子数

を定義すると，一般に1個の光子エネルギーは3～4 eV で，S は4～5％である．測定器内で放射線がシンチレータに当たり，光電面から放出される電子の数を計算してみよう．

シンチレータ中で β 線が吸収されると，光電面から発生する光電子数 N は，W を β 線の平均エネルギー，E を1個の光子のエネルギーとすると $N = W \times S \times Q \div E$ で表される．いま，$W=6$ KeV の ^{3}H で $S=0.05$，$E=3$ eV，$Q=30$％とすると $N=30$ となり，これが2つの光電管に半分ずつ入ることになるのでどんなに弱い電流であるかがわかる．同様に ^{14}C では110個の光電子が出ることになる．

蛍光の減衰は $N \exp(-t/\tau)$ で表され，τ を減衰時間といい，光量が1/eになるまでの時間である．蛍光効率 ε はアントラセンを基準にしてこれを100とし，これとの比で表している．分解時間が 0.1～10 µs と短い時は ε のみが重要であるが，速い計数をするときには ε/τ が重要となる．τ を µs で表した ε/τ をシンチレータの性能指数 figure of merit とよび，これが大きいほど効率のよい測定ができるとされている．

1）無機シンチレータ

 無機シンチレータとしては**タリウム活性ヨウ化ナトリウム NaI（Tl）**があり，Tl はモル比で 10^{-3} だけ入れてある．シンチレータの原子の質量が大きいためにエネルギーの強い γ 線の測定に使われる．ほかに $CaWO_4$，ZnS（Ag）などがあり，ZnS（Ag）は α 線測定に使用されている．

2）有機シンチレータ

 アントラセン，スチルベンなどが使われており，NaI（Tl）に較べ蛍光減衰時間が短い利点がある．固体のプラスチックシンチレータは β 線の測定に用いられ，重い粒子や γ 線に対しての測定効率はよくない．

3）液体シンチレータ

 p-ターフェニルのような**有機シンチレータ**をトルエン，キシレンなどの有機溶媒に溶かしたもので，溶かしただけでは光電面に感ずるような波長の光をほとんど出さないので，波長シフターとして POPOP などの第二溶質を加えて使う．**液体シンチレーション測定**は ^{3}H，^{14}C，^{35}S，^{45}Ca のようなエネルギーの弱い β 線の測定に使われ，β-γ 放出核種や α 線の測定にも使われることがある．

4 半導体検出器

 真性半導体に金属リチウムを拡散させて電子と正孔をつくり電気伝導性をもたせた半導体を用いる．放射線が当たると空乏層に電子が流れるようにしたものである．イオン対1個を生成するエネルギーが小さいため放射線照射による生成イオン対が多くなり高い分解能が得られる利点がある．そのため多核種の同時測定ができる．図 4-18 に大気中の塵を集めて測定したゲルマニウム半導体検出器による γ 線スペクトルの1例を示す．

5 線量測定法

 放射線の測定器はそのまま線量率の測定に使用できるが，放射線作業従事者の健康管理には，一般にある期間内の**集積線量**を測定する．そのため集積線量を測る専用の測定器を利用する．体内被曝では α 線や β 線が問題になることが多く，作業環境モニタリングや集積線量の測定では X 線や γ 線が問題になる．

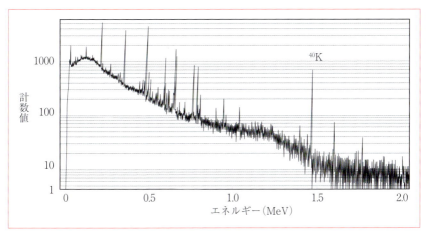

図 4-18. γ線スペクトルの例（大気中の浮遊塵）

線量計のうちで，直接に線量の定義と関係する現象を利用したものを**一次線量計**と呼び，一次線量計で較正された**二次線量計**もよく使用される．測定法によって分類すると化学的線量測定と物理的線量測定に分けられる．

a 化学的線量測定

この測定法の原理は，γ線による化学的変化量を測定して吸収線量を求める方法である．X，γ線による線量の測定に適している．**化学線量計**は，大線量を比較的よい精度で求めることができる利点がある．使用に先だって，熱量計や電離箱のような一次線量計で較正しておく必要がある．よく知られている化学線量計として，**フリッケ線量計** Fricke dosimeter があり，これは放射線によって Fe^{2+} が Fe^{3+} に酸化されることを利用している（p.125）．

フリッケ線量計は，0.4 モルの硫酸溶液に 10^{-3} モルの Fe $(NH_4)_2$ $(SO_4)_2$ を含む溶液からなる．使用する水は，有機物を除くために蒸留水を硫酸で酸性にし，$KMnO_4$（1 g/L）を加えて再蒸留し，次に水酸化ナトリウムでアルカリ性にし，$KMnO_4$（0.1 g/L））を加えて 12～24 時間還流したのち蒸留し，測定前にもう一度蒸留して使用する．少量の NaCl を加えると再現性がよくなる．こうして調整した溶液を放射線にさらすと Fe^{2+} は Fe^{3+} に酸化され，生じた Fe^{3+} は比色定

表 4-3. いろいろな放射線に対する LET と G $(Fe^{3+})_{air}$ の値

放射線の種類	LET/(eV nm^{-1})	G $(Fe^{3+})_{air}$
^{60}Co の γ 線	0.2	15.6
100 KeV の X 線	0.92	14.7
^{32}P の β 線	——	15.2
He$^+$	20	8.0
^{210}Po の α 線	90	5.1

量することによって求める.照射試料の吸光度が,0.1〜0.8 以内になるように 0.4 モル $(NH_4)_2SO_4$ で希釈し,波長 305 nm で測定する.25℃における吸光係数は 2193 mol^{-1}cm^{-1} である.G $(Fe^{3+})_{air}$ を空気の存在下において生成した Fe^{3+} の *G値* とすると,その値は表 4-3 に示すように β 線や γ 線ではほとんど一定である利点がある.

ⓑ 物理的線量測定法
1） ガラス線量計

ガラスは照射されることにより蛍光中心を生じる.蛍光中心は適当な波長の光にさらされることによって励起され蛍光が出る.一般に蛍光中心を増感させたガラスとして 50%Al$(PO_3)_3$,25%Ba$(PO_3)_2$,25%KPO$_3$ のガラスに 8% の AgPO$_3$ を加えた銀増感リン酸塩ガラスが,低線量用として使用されている.照射後 365 nm の紫外線にさらし,オレンジ色（605 nm）の蛍光をオレンジ色のフィルタをつけた光電子増倍管で測定する.ガラス中には Z の高い元素が含まれているので,低いエネルギーの X,γ 線に対してはエネルギー依存性の大きい欠点がある.

もう一つの手段としてガラスは放射線にさらされると褐色に着色するので,この着色の度合いを線量測定に利用することができる.高線量ガラス線量計では着色の度合いを 400 nm のところで測定する.吸光度 $I = \mu \times d$（μ = 吸収係数,d = ガラス板の厚み）で表され,着色の度合いは照射中の温度にもよるが,光などによる経時変化もあるので 20 時間ほど放置したのち,脱色が比較的落ち着いたあと測定するのがよい.コバルト含有ホウ酸塩ガラスがよく使われる.

2） 電子式ポケット線量計

空乏層に生じた電子-正孔対による電流の発生を利用した線量計で,アイソ

トープ取扱施設に立ち入るときによく使用されている．

3）OSL 線量計

光刺激蛍光 Optically Stimulated Luminescence（OSL）線量計は，酸化アルミニウムを検出素子とし，放射線により一部の電子が結晶の陰イオン格子欠陥に補足され準安定状態になる．この状態で光刺激を受けると，電子は励起され伝導体に移動し，発光中心のホールと再結合して蛍光を発する現象を利用している．

4）エネルギー依存性
放射線のエネルギーとその検出器の指示値との関係で，同じ線量でも放射線のエネルギーが小さくなると指示値が大きく（あるいは小さく）なるとき，この検出器は**エネルギー依存性**が大きいという．

― 演習問題 ―

問 1. Bragg 曲線が定義されるのは次のうちどの放射線か．一つ選べ．
  a. α 線 b. β^+ 線 c. β^- 線 d. γ 線 e. 内部転換電子

問 2. 後方散乱係数に関係のないものはどれか．一つ選べ．
  a. 支持体の厚み b. 支持体を構成する材料の酸化数
  c. 支持体を構成する材料の原子番号 d. 入射する放射線の種類
  e. 入射する放射線のエネルギー

問 3. 電子対生成に関係のないものはどれか．二つ選べ．
  a. 消滅 γ 線 b. 0.51 MeV c. α 線 d. 陽電子
  e. 制動放射線

問 4. ^{32}P で汚染した場所をサーベイメータを用いて汚染検査したい．どの器機が最も適しているか．一つ選べ．
  a. 電離箱式サーベイメータ b. G.M. 式サーベイメータ
  c. シンチレーション式サーベイメータ
  d. 比例計数管式サーベイメータ e. ポケット線量計

問 5. 放射線実験室に一時立ち入りたい．個人の被曝線量を計測するのにどの線量計を使うのが最もよいか．一つ選べ．
  a. フリッケ線量計 b. 電離箱式サーベイメータ
  c. ポケット線量計 d. G.M. 式サーベイメータ
  e. 化学線量計

問 6. 測定試料に β^+ 崩壊核種が含まれていることが γ 線スペクトルのどのピークからわかるか．一つ選べ．
  a. コンプトン端 b. 0.51 MeV のピーク
  c. 0.1 MeV のピーク d. 1.02 MeV のピーク
  e. 1.46 MeV のピーク

問 7. 10 KBq の ^{32}P がある．^{32}P は 100% β 壊変するとし，GM カウンタで計数効率 5% で測定できるとすると何 cpm の計数率となるか．

5章 放射線化学

SUMMARY

　放射線が物質に当たると，物質との相互作用が起こる．この相互作用を微視的に観測すると，個々の現象は分子レベルで解明することができる．放射線のもつ巨大なエネルギーが，その飛跡にそって，原子や分子をイオン化したり，励起状態をつくったりしながら発散される．その相互作用は当たる物質によってあるいは液体か固体かによっても異なる．私たちの生活のなかでは，放射線をうまく利用して高分子材料の改質への利用が進んだ．

A. 放射化学と放射線化学

　放射化学と放射線化学を厳密に境界づけをすることは難しい．一般的にいえば，放射化学は放射能の特性を利用して放射性元素を研究する学問で，放射線化学は放射線の物質に対する化学作用を研究する学問である．化学作用のなかには，① 気体の電離，② 固体の放射線分解，③ 溶液の化学変化，④ 高分子物質の重合，解裂，⑤ 生体に対する作用，⑥ ホットアトム化学　などが含まれる．このうち高分子物質の重合，解裂などを扱う分野は応用放射線化学，生体に対する作用を扱う分野は放射線生物学として区別することもある．放射線化学とやや似た学問の分野に光化学がある．光化学では，電磁波のエネルギーの小さい紫外線や電離を起こさない可視光線を用い，放射線化学ではエネルギーの大きいα，β，γ線，電子線，X線その他の粒子線を用いる．

B. 放射線化学反応の初期過程

　放射線化学反応は，光化学反応の場合と同様に，一次作用と二次作用に分けられる．一次作用は，放射線が物質に衝突し，物質にエネルギーを与え，物質中の原子や分子が電離（イオン化と熱電子の生成）あるいは励起される過程と，さらに生成したイオンや励起種が分解あるいは安定化してラジカル radical や準安定なイオンを生ずる過程である．二次作用は，一次作用で生じたラジカルやイオンが広く拡散して，ほかの分子と衝突し，安定分子に戻ったり，解離して連鎖反応を起こしたりして，最終生成物となる過程である．

1 一次作用

　放射線が物質中を通過すると，電離された原子や分子および励起された原子や分子がその進行行程に沿って生ずる．それらの集団をスプールとよぶ．その形状や分布は放射線の種類やエネルギーの大きさによって異なる．図5-1にα線とβ線の飛跡中のスプールの例を示す．

　スプール内に生じたイオンや励起分子は拡散し，スプールは大きくなりながらやがて二次過程へと進行する．放射線の飛程 range の，単位長さ当たりに生

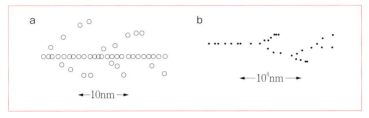

図 5-1. α線とβ線の飛跡中のスプールの分布
a：α線の飛跡中のスプール，b：β線の飛跡中のスプール

成するイオン対の数を比電離能という．比電離能の大きい重粒子線は，物質中で連続した柱状のスプールを生じ，比電離能の小さいβ線やγ線はまばらなスプールを生ずる．また比電離能は，放射線の飛程の単位長さあたりに失われるエネルギー，すなわち線エネルギー付与 LET と次のように関係づけられる．

　　比電離能＝LET/W

W値はイオン対1個をつくるために必要な放射線のエネルギーである．ちなみに窒素の W 値は 35 eV で，一般に 20〜40 eV である．放射線化学反応の収率は，吸収した放射線のエネルギー 100 eV 当たりに変化した分子の数 G 値で表す．反応系に生成した生成物の G 値で示す場合もあるし，はじめの反応物質の減少した数 $-G$ 値で示す場合もある．また生成物や最終生成物に限らず中間生成物，ラジカル，イオンなどについても定義できる．

一次作用を反応式で書くと次のようになる．

$A \rightsquigarrow A^*$　　　　　中性励起分子の生成（$He \longrightarrow He^*$）
$A \rightsquigarrow A^+ + e$　　　電離（$He \rightarrow He^+ + e$）
$A + e \longrightarrow A^-$　　　中性分子の電子捕獲（$O_2 + e \longrightarrow O_2^-$）

励起分子の反応

$A^* \longrightarrow A$　　　　　放射または無放射遷移（$He^* \longrightarrow He$）
$A^* \longrightarrow B^*$　　　　異性化（トランス-スチルベン $\rightleftarrows$ シス-スチルベン）
$A^* \longrightarrow \cdot R + \cdot S$　　ラジカルへの分解（$CH_3COCH_3 \longrightarrow CH_3CO\cdot + \cdot CH_3$）
$A^* \longrightarrow M + N$　　　中性分子への分解（$C_6H_{12}^* \longrightarrow C_6H_{10} + H_2$）

イオンの反応

---

* A^* は A 分子の，B^* は B 分子の励起分子を表す．

$A^+ \longrightarrow \cdot R^+ + \cdot S$　　ラジカルへの分解　$(C_4H_{10}{}^+ \longrightarrow \cdot C_2H_5{}^+ + \cdot C_2H_5)$

$A^+ \longrightarrow M^+ + N$　　イオンと中性分子への分解$(C_4H_{10}{}^+ \longrightarrow C_2H_4{}^+ + C_2H_6)$

2 二次作用

　二次作用には,中和による励起分子の生成,分子内電荷移動,ほかの分子との衝突による励起,移動,解離,種々のイオン分子反応などがある.一次作用と二次作用の時間的な境界は,放射線との衝突からだいたい $10^{-12} \sim 10^{-10}$ 秒の間になる.二次作用によって起こる反応には次のようなものがある.

$A^+ + e \longrightarrow A^*$　　　　イオンの中和　$(H^+ + e \longrightarrow H^*)$

$A^+ + B^- \longrightarrow A^* + B$　　　〃　　　$(NH_4{}^+ + OH^- \longrightarrow NH_3{}^* + H_2O)$

$A^+ + e \longrightarrow \cdot R + \cdot S$　　　〃　　　$(C_3H_8{}^+ + e \longrightarrow \cdot C_3H_7 + \cdot H)$

$A^+ + B \longrightarrow A + B^+$　　電荷移動　$(He^+ + Ne \longrightarrow He + Ne^+)$

$A^* + A \longrightarrow A + A^*$　　励起移動　$(He^* + He \longrightarrow He + He^*)$

$A^* + B \longrightarrow A + B^*$　　　〃　　　$(He^* + Ar \longrightarrow He + Ar^*)$

$A^+ + B \longrightarrow C^+ + D$　　イオン分子反応　$(CH_3{}^+ + CH_4 \longrightarrow C_2H_5{}^+ + H_2)$

$A^+ + B \longrightarrow R^+ + \cdot S$　　　〃　　　$(HBr^+ + HBr \longrightarrow H_2Br^+ + \cdot Br)$

$(A^+)^* \longrightarrow M^+ + N$　　解離　$((C_2H_6{}^+)^* \longrightarrow C_2H_4{}^+ + H_2)$

$(A^+)^* \longrightarrow \cdot R^+ + \cdot S$　　〃　　$((C_2H_6{}^+)^* \longrightarrow \cdot C_2H_5{}^+ + \cdot H)$

$\cdot R + B \longrightarrow \cdot S$　　ラジカル反応　$(\cdot Br + RCH = CH_2 \longrightarrow R\overset{\cdot}{C}H-CH_2Br)$

$\cdot R + \cdot S \longrightarrow M$　　　〃　　　$(\cdot H + \cdot OH \longrightarrow H_2O)$

$\cdot R + S \longrightarrow R + \cdot S$　　　〃　　　$(\cdot OH + CH_3OH \longrightarrow H_2O + \cdot CH_2OH)$

$\cdot R + \cdot R \longrightarrow M + N$　　　〃　　　$(2CH_3\overset{\cdot}{C}HOH \longrightarrow CH_3CHO + C_2H_5OH)$

ラジカルの結合反応で放出されるエネルギーは,イオン対の再結合反応で放出されるエネルギーより小さい.

　　$\cdot H + \cdot OH \longrightarrow H_2O + 4.85 \times 10^5 \text{J/mol}$

　　$H^+ + OH^- \longrightarrow H_2O + 1.22 \times 10^6 \text{J/mol}$

ラジカルとは,化学結合をつくりうる不対電子を1個またはそれ以上もっている原子あるいは分子をいう.たとえば $\cdot CH_3$(メチルラジカル),$\cdot C_6H_5$(フェニルラジカル),$CH_3COO\cdot$(アセトキシルラジカル),$\cdot Cl$(塩素原子またはラジカル)などで,ラジカルがイオン化した $\cdot C_6H_6{}^-$(ベンゼンラジカル陰イオン)

などもある．水素原子は1s軌道に1個の電子をもつのでラジカルである．ラジカルの安定性あるいは活性は，ある程度その構造に依存し，一般にハロゲンが付加（さらに F<Cl<Br<I の順に安定化）したり，分子が分枝（n-C_4H_9・$<i$-C_3H_7・$<t$-C_4H_9・の順に安定化）*すると安定化する．

反応性に富んだラジカルとして，・H，・OH，・Cl，・CH_3，・Ph などがあり，安定なラジカルとして Ph_3C・（トリフェニルメチルラジカル），NO，

O_2N-（NO_2, NO_2 置換ベンゼン環）-$\dot{N}$-NPh_2　（ジフェニルピクリルヒドラジル，DPPH）がある．

また NO，DPPH，O_2，I_2 などの電子捕捉剤は，ラジカルと次のような付加反応

・R + NO ⟶ RNO

・R + DPPH ⟶ R-DPPH

・R + O_2 ⟶ RO_2・

・R + I_2 ⟶ RI + ・I

をして，ラジカルを消滅あるいは比較的安定なラジカルを生成する．

ラジカルは放射線化学反応の中で重要な役割を演ずる．ラジカルの検出には電子スピン共鳴吸収装置（ESR）を利用する．ラジカルは，図5-2 に示すように分子あるいは原子の軌道に奇数個の電子を有している．その電子の自転の方向は正負（または $S = \pm 1/2$）方向のどちらかにあり，エネルギー的には同じで

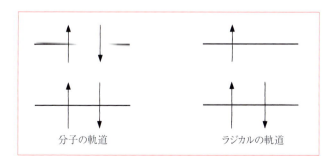

図 5-2．分子およびラジカルの軌道

---

* n = normal，i = iso，t = tertiary

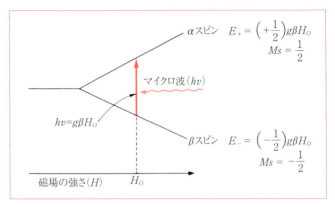

図 5-3. ゼーマン分裂と ESR 吸収

ある。しかし不対電子が磁場の中に置かれると自転の方向によってエネルギー状態が異なってくる（ゼーマン分裂）。そのとき電子は、低いエネルギー状態の自転の方向を向くことになるが、この電子にそのエネルギー差だけのエネルギー（$E=h\nu$）を与えると高いエネルギー状態に遷移する。共鳴吸収が観測されるときの磁場の強さを H_o（tesra）とすると

$$h\nu = g\beta H_o$$

の関係があり、β はボーア磁子で 9.27×10^{-24} J/T*で、g は g 因子と呼び、自由電子のラジカルでは 2.00 である。図 5-3 に示すように、ラジカルはそれぞれ特定の $H_0=h\nu/g\beta$ のところで共鳴吸収を起こすので、ESR を利用してラジカルの検出、同定およびラジカルの性質を調べることができる。

3 イオンの検出

イオンには正のイオンと負のイオンがあるが、イオンの進路に磁場をかけると、その進路は別々の方向へ曲げられる。図 5-4 に示すのは β 線スペクトロメータの原理図で、磁場の強さを変えることにより、検出器に入る β 線のエネルギーを選別できる。電子の運動量を P(tesra・cm)、磁場の強さを H(tesra)、

---

* J = joule, T = tesra

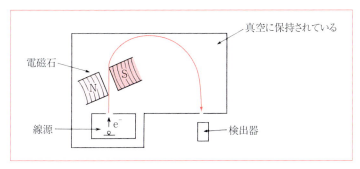

図 5-4. β線スペクトロメータの原理図
電磁石は紙面の上下にあり，紙面の手前がNで後方がSとなる

電子の軌道半径を r (cm) とすると，
$$P = Hr$$
となる．rはP/Hに依存することより，Pに応じてHを変えることにより，検出器に電子を導くことができる．測定系は真空になっている．

加速電圧を V とすると
$$P = \sqrt{\frac{2mV}{e}} \text{ であることより，} r = \frac{1}{H}\sqrt{\frac{2mV}{e}}$$

となり，rは$\sqrt{m}$に比例することを利用してイオンの質量と電荷を測定することができる．正イオンは加速電圧と磁場Hの正負を逆にすると同じようにして測定することができる．このようにしてイオンの質量を測る装置を質量分析器という．また，イオン化室で一次イオンをほかの中性分子と衝突させれば，イオン-分子反応の研究に利用することができる．

$$P^+ + M \rightarrow A^+ + B$$

A^+の生成によるイオン電流をi_a，P^+によるそれをi_pとすると，$i_a = i_p Ql [M]$で表せる．ここにlは単位時間当たりのP^+の通過個数，QはP^+とMとの衝突断面積，$[M]$は中性分子の濃度である．こうしていろいろなイオン-分子反応のQが求まる．イオンとすみやかに反応してイオン-分子反応を妨げるような物質を捕捉剤（スカベンジャー）という．正イオンのスカベンジャーとして，アミンやアルコールが知られている．たとえば

$$RH^+ + NH_3 \longrightarrow \cdot R + NH_4^+$$

$$RH^+ + CH_3OH \longrightarrow \cdot R + CH_3OH_2^+$$

である．またハロゲンは負イオンスカベンジャーとして

$$e + RX \longrightarrow \cdot R + X^- \quad (X はハロゲン)$$

の反応をする．

4 電子の反応

電子は陽イオンを中和したり，中性分子に捕獲され負イオンを形成する．

$$A + e \longrightarrow (A^-)^*$$

負イオンの形成は，A が電子親和性の大きい酸素，ハロゲン，ハロゲンを含む有機化合物で起こりやすい．この反応では，A の電子親和力に相当するエネルギーが，生成した負イオンに保持される．

生成した負イオンは励起状態にあり，放射線を放出して安定化するか，容器の器壁などに衝突して励起エネルギーを放出する．電子のエネルギーが，$(A^-)^*$ の分子内の結合エネルギーより大きいときには，$(A^-)^*$ は電子を捕獲後すぐ解離して2つのフリーラジカルになる．電子は電子親和力の大きいハロゲンやシアノ基のある分子に残る．液体では，電子と陽イオンとの再結合や電子と溶質との反応が遅いと，電子は溶媒和する．

5 励起状態

電離性放射線は，光化学と同じく励起状態をつくるが，光化学より非常に高い励起状態をつくる．放射線でつくられた励起分子の性質を，2原子分子についてその生成と性質を考えてみよう．

分子のエネルギー状態のうち，エネルギーの小さい回転エネルギーは無視できるとし，振動エネルギーと電子エネルギーのみで考えると，そのポテンシャルエネルギーは，図5-5で表される．2本の曲線は2つの電子エネルギー準位を表し，曲線内の水平な線は各電子エネルギー状態内での振動状態を表す．異なった電子エネルギー準位間の遷移は，図中の垂直な線で表される．Frank-Condon の原理から，遷移する間に2つの原子核間の相対的な位置は変わらない（A→B への遷移に要する時間は 10^{-15} 秒程度で，分子の1振動の周期は 10^{-13}

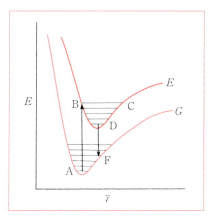

図 5-5. 2原子分子の基底状態と励起状態の
ポテンシャルエネルギー曲線
r：核間距離，E：ポテンシャルエネルギー

秒程度である）．A→B へ遷移し，BC 間の振動をしながら次第に振動エネルギーが減少して，第1励起準位の基底状態に落ちつき，DF に相当するエネルギーを放出する．DF は AB より小さいので，はじめに吸収した波長より長い波長の光が放出される．この光を蛍光という．

　図 5-6 に示すように励起状態のポテンシャルエネルギー曲線が，分子が最初に励起された振動準位よりも低いところで，基底状態のポテンシャルエネルギー曲線と交差しているか，ごく接近しているならば，分子はこの交差する点で励起状態から基底状態へ移れるようになる．このとき，分子は高い振動状態にあり，励起エネルギーは他分子との衝突によって失われ，熱エネルギーに変わる．このような過程を内部転換という．

　図 5-7 は1つの励起状態のポテンシャルエネルギー曲線が，異なった多重項の励起曲線と交差している例で，これを系間交差とよぶ．T 点で2つのポテンシャルエネルギー曲線は交差しているので，1つの励起状態からほかの励起状態へ移ることができる．第2曲線（3重項）からの発光遷移は，基底状態と励起状態のスピン状態が異なっているので禁制遷移となり，1重項励起状態より長い寿命をもつ．3重項からの発光は燐光とよばれる．3重項励起状態の寿命は，媒質の物理的性質によって影響され，粘性の大きい液体や固体でその寿命

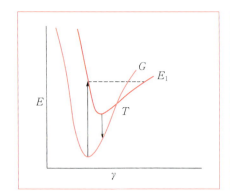

図 5-6. 1重項から1重項励起
状態への遷移

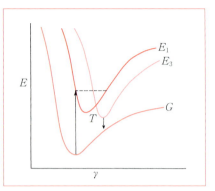

図 5-7. 1重項と3重項励起状
態との系間交差

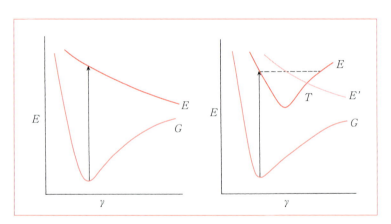

図 5-8. 不安定励起状態への遷移の起こるポテンシャルエネルギー曲線の例
気体の放射線化学反応

は最も長い．1重項基底状態から3重項励起状態への直接の遷移は禁制されており，前述の系間交差によって3重項励起状態が生成される．3重項励起状態は，熱によって分子が運動エネルギーを得（あるいは衝突），再び系間交差して1重項励起状態に戻り，そこから発光失活することもあり，これを遅発蛍光とよぶ．高い励起状態のポテンシャルエネルギー曲線は，図5-8のようになっている．励起状態のポテンシャルエネルギー曲線に最小値がなかったり，あるい

は励起曲線に最小値をもたないほかの励起曲線が交差している場合には，分子は解離して2つのフリーラジカルを生じる．

その他にA分子の励起ポテンシャルが，B分子の励起ポテンシャルに等しいか，それよりわずかに大きい場合には

$$A^* + B \longrightarrow A + B^* \quad (E_A^* \geq E_B^*)$$

のような励起エネルギーの移動が可能になる．これを無発光エネルギー移動という．

C. 気体の放射線化学反応

気体は密度が小さくLET効果が小さいので，古くから数多くの実験的研究が行われている．溶液系では放射線化学反応の収率を表す G 値が用いられるのに対し，気体の場合は M/N 比がよく用いられる．これは生成した分子数 M と，生成したイオン対の数 N の比である．**イオン対収率**とよばれ，イオン1組当たりの変化分子数を意味する．G 値とは $G = (M/N) \times (100/W)$ の関係がある．気体中に1個のイオン対をつくるのに要するエネルギーを W eV とすれば，W 値は 30 eV 程度なので $G \fallingdotseq 3M/N$ で近似できる．

1 イオン対生成に必要なエネルギー

気体中でイオン対を生成するのに必要な平均エネルギーは，表5-1に示すようにイオン化ポテンシャルより常に大きく，かなりのエネルギーが励起のために用いられていることがわかる．

この平均エネルギー値は，ほんのわずかな不純物によって影響を受ける．たとえばHeにArを0.13％添加すると，33.0 eVから42.7 eVになることが報告されている．これは主成分ガスが準安定な励起状態となり，それが不純物ガスに移行し，より低いイオン化ポテンシャルをもつ不純物の電離を引き起こすためである．たとえばHeにArの不純物が混入している場合の反応は次のように表される．

$$He^* + Ar \longrightarrow He + Ar^*$$
$$Ar^* \rightarrow Ar^+ + e$$

表 5-1. イオン対生成に必要な平均エネルギー W値（eV）

気体	5 MeV α粒子 ^{210}Po	5 MeV α粒子 ^{239}Pu	340 MeV 陽子	電子 3〜20 keV	電子 1 MeV	イオン化ポテンシャル
H	36.3	37.0	35.3	36.3		15.6
He	42.7	46.0		42.3		24.5
Ne	36.8	36.3	28.6	36.6		21.5
Ar	26.4	26.4	25.5	26.4	25.5	15.7
N_2	36.6	36.3	33.6	34.9	34.8	15.5
O_2	32.5	32.3	31.5	30.9	30.9	12.5
空気	35.5	35.0	33.5	34.0	33.9	
CO_2	34.5	34.3		33.0	32.6	14.3
CH_4	29.2	29.4		37.3	26.8	14.5
H_2O		37.6				

表 5-2. 各種の反応に対する M/N 比

照射試料	放射線	生成物	M/N 比
$H_2 + O_2$	α	H_2O	3.4〜4
O_2	α	O_3	1〜2
$Cl_2 + H_2$	α	HCl	〜10^5
$Cl_2 + H_2$	X	HCl	$4〜8 \times 10^4$
$Br_2 + H_2$	α	HBr	0.5〜2.9
$Br_2 + H_2$	X	HBr	2
HBr	α	H_2, Br_2	〜3
HBr	e	H_2, Br_2	4.6
HI	α, X	H_2, I_2	8
NH_3	α	N_2, H_2	0.9〜1.3
$N_2 + H_2$	α	NH_3	0.3〜0.5

2 放射線化学反応の M/N 比

　各種の気体の放射線化学反応に対する M/N 比の実験値を表 5-2 に掲げる．この表から α 線や X 線で引き起こされる気体の反応収率には，あまり大きな差がないことがわかる．むしろ収率は実験条件に依存する．たとえば C_2H_4 に ^{60}Co の γ 線照射を 3.7×10^{14} Bq というような強い線源で長時間照射すると，α 線照

射の場合とだいたい等しい収率になる．この高い収率を説明するために，放射線化学反応にイオンクラスターという考えが導入された．イオンクラスターというのは，イオンによる分子の分極によって，イオンの周りに集まる中性分子の群である．互いに逆符号をもつ2つのクラスターは，静電引力によって接近し，お互いに中和し，別の中性分子を生ずる．たとえばメタンの分解に対する反応は次のようになる．

$$(O_2CH_4O_2)^+ + (O_2 \cdot CH_4 \cdot O_2)^- \longrightarrow 2CO_2 + 4H_2O$$

連鎖反応が考えられているものに，次の反応がある．

$$Br\cdot + CH_2=CH_2 \longrightarrow BrCH_2-CH_2\cdot$$
$$BrCH_2-CH_2\cdot + HBr \longrightarrow BrCH_2-CH_3 + Br\cdot$$

空気は窒素と酸素の混合気体で，次のような機構でNO_2を生成するとされている．

$$N_2 \rightsquigarrow 2\cdot N$$
$$\cdot N + O_2 \longrightarrow NO + \cdot O$$
$$2NO + O_2 \longrightarrow 2NO_2$$

気体の放射線化学反応の例として，ガス増幅計数用ガスとして用いられるメタン（CH_4）について述べる．メタンを高速電子またはγ線で照射すると，最終生成物としてH_2, C_2H_2, C_2H_4, C_2H_6, C_3H_6, n-C_4H_{10}, i-C_4H_{10}, $(CH_2)_n$が得られる．

これらの化合物が得られる反応過程として次のような種々の反応が考えられている．

イオン反応

$$CH_4 \rightsquigarrow CH_4^+ + e \longrightarrow CH_3^+ + \cdot H + e \longrightarrow CH_2^+ + H_2 + e$$
$$CH_4^+ + CH_4 \longrightarrow CH_5^+ + \cdot CH_3$$
$$CH_3^+ + CH_4 \longrightarrow C_2H_5^+ + H_2$$
$$CH_2^+ + e \longrightarrow CH_2$$
$$CH_5^+ + e \longrightarrow CH_3 + H_2$$
$$C_2H_5^+ + e \longrightarrow C_2H_5 \text{または} \cdot C_2H_4 + \cdot H$$

フリーラジカル反応

$$H\cdot + CH_4 \longrightarrow \cdot CH_3 + H_2$$
$$2\cdot CH_3 \longrightarrow C_2H_6$$

$\cdot CH_3 + \cdot C_2H_5 \longrightarrow C_3H_8$ または $CH_4 + C_2H_4$

$2CH_2 \longrightarrow C_2H_4$

$\cdot CH_2 + CH_4 \longrightarrow \cdot C_2H_6$

$\cdot R + C_2H_4 \longrightarrow R-CH_2-\overset{\cdot}{C}H_2 \xrightarrow{C_2H_4}$ ポリマー

分子イオン反応

$C_2H_5^+ + CH_4 \longrightarrow C_3H_7^+ + H_2$

D. 水および水溶液の放射線化学反応

1 水の放射線分解

　水は生体の主要構成成分であるため水の放射線化学反応機構を明らかにすることはきわめて重要である．水の放射線分解挙動は放射線の種類，酸素が存在するか否か，水のpHなどによって変わる．酸素を含まない水は，X線やγ線照射では分解が起こらないが，α線で照射すると，水は分解してH_2O_2, H_2, O_2になる．しかし酸素が存在するとX線やγ線照射によってもH_2O_2が生成する．水の放射線分解により生じるスプールの大きさは2 nm程度で，スプール間の距離は1 MeVのγ線あるいは電子線照射では500 nm程度である．

　水の放射線分解の第1段階は，水分子から電子が失われたH_2O^+あるいは電子を捕獲したH_2O^-の分解であるとして，次のような反応が考えられている．

$H_2O \longrightarrow H_2O^+ + e$

$H_2O^+ + e \longrightarrow H_2O^* \longrightarrow \cdot H + \cdot OH$

$H_2O^+ + H_2O \longrightarrow (H_3O^+)^* + \cdot OH$

$H_2O^- \longrightarrow \cdot H + OH^-$

ここで生成する電子は，実は大部分が水和電子 e_{eq} である．

$e + aq \rightarrow e_{eq}$

この水和電子は還元作用があり，酸性溶液中ではすみやかにH^+と反応し$\cdot H$となり，溶質と反応する．

$e_{eq} + H^+ \longrightarrow \cdot H$

一方，中性，アルカリ性溶液中ではe_{eq}のまま溶質と反応する．表5-3に酸

表 5-3. 水の放射線分解の初期収率

初期収率	0.4 モル H_2SO_4 のとき	pH=2 のとき
$G(e_{aq}, H)$	3.65	2.8
G_{OH}	2.95	2.2
G_{H_2}	0.45	0.4
$G_{H_2O_2}$	0.8	0.7

性水溶液を $^{60}Co\gamma$ 線で照射した際の初期収率を示す.

2 塩類水溶液の放射線化学反応

　塩類水溶液の放射線化学は水の場合と同様に，酸素が存在するかどうかによっても収率が変化する．溶質が還元剤であればそれはつねに酸化され，強い酸化剤であれば還元される．表 5-4 および表 5-5 にいくつかの酸化反応および還元反応に対する収率を掲げる．表に示す値は初期収率 G 値で，実験条件によって若干変わる．

　放射線化学反応では，酸化反応が還元反応よりよく起こる．とくに α 粒子で照射する場合には酸化反応が起こりやすい．還元はかなり高い酸化還元電位をもった化合物の場合にのみ起こる．次にフリッケ線量計の放射線化学反応について述べる．

a フリッケ線量計

　酸素を含む 0.4 モル H_2SO_4 酸性の硫酸第一鉄水溶液に放射線を照射すると，$Fe^{2+} \rightarrow Fe^{3+}$ の酸化反応が起こる．この反応は化学線量計として広く用いられており，その反応機構は次のように考えられている．

$$H_2O \longrightarrow \cdot H + \cdot OH$$
$$Fe^{2+} + \cdot OH \longrightarrow Fe^{3+} + OH^-$$
$$Fe^{2+} + H_2O_2 \longrightarrow Fe^{3+} + \cdot OH + OH^-$$
$$\cdot H + O_2 \longrightarrow HO_2$$
$$Fe^{2+} + \cdot HO_2 + H^+ \longrightarrow Fe^{3+} + H_2O_2$$

　放射線化学反応がよく知られている場合には，分子収率はラジカル収率と結びつけられる．たとえば硫酸鉄(Ⅱ)の反応の場合，1個のHから3個の Fe^{2+} が

表 5-4. 各種無機物質の溶液中での収率（酸化の場合）

物　質	初期濃度（モル）	生成物	G値 空気中	G値 窒素気流中	備　考
H_3PO_3	8×10^{-4}	H_3PO_4	6.9	5.2	0.4 モル H_2SO_4, 濃度で変わる
H_2S	$2.4 \sim 6 \times 10^{-3}$	S	きわめて大きい		
$[Fe(CN)_6]^{4-}$	10^{-4}	$[Fe(CN)_6]^{3-}$		1.2	
I^-	10^{-3}	I_2		$0.5 \sim 0.6$	G値は濃度と酸性度で変わる
Fe^{2+}	$10^{-4} \sim 10^{-2}$	Fe^{3+}	15.5	$6 \sim 8$	0.4 モル H_2SO_4
NO_2^-	10^{-3}	NO_3^-			中性溶液
NH_4OH	0.2	NO_2^-		1.1	pH12, pH で変わる

表 5-5. 各種無機物質の溶液中での収率（還元の場合）

物　質	初期濃度（モル）	生成物	G値 空気中	G値 窒素気流中	備　考
Ce^{4+}	10^{-3}	Ce^{3+}	$2.5 \sim 3.7$	$2.5 \sim 3.7$	エネルギーにより変わる
MnO_4^-		Mn^{2+}	$2.2 \sim 3$		濃度と pH で変わる
$Cr_2O_7^{2-}$	10^{-3}	Cr^{3+}	$1 \sim 1.7$	2.5	
Fe(III)-phenanthroline	10^{-3}	Fe(II)-phenanthroline	10.4	~ 5.2	pH で変わる

酸化され，1個の H_2O_2 から2個の Fe^{2+} が酸化され，また1個の OH から1個の Fe^{2+} が酸化されるので，全収量は次のように表される．

$$G(Fe^{3+})_{空気中} = 3G_H + 2G_{H_2O_2} + G_{OH}$$

前述の 0.4 モル H_2SO_4 酸性溶液を ^{60}Co で γ 線照射すると，空気存在下では $G(Fe^{3+})_{空気中} = 15.6$，窒素気流中では $G(Fe^{3+})_{窒素気流中} = 8.2$ の値が得られている．

3 化学線量計への利用

　線量測定には電離箱などを利用する物理的方法があるが，正確な測定には実験上の難点がある．放射線化学反応を利用すれば，吸収されたエネルギーを放射線化学収率を求めることによって直接決定することができる．この場合，ある物理的線量測定法で1つだけ標準化しておくだけでよい．このような化学線量計はいくつかの条件を満足しなければならないが，重要なことは，その収率が濃度や放射線のエネルギーおよび強度などによって影響されないことである．$Fe(II) \rightarrow Fe(III)$ の反応は前述の条件をかなりよく満足し，かつ収率が比色法で容易に測定できるので，しばしば化学線量計として利用される．通常モール塩 $(NH_4)_2Fe(SO_4)_2 \cdot 6H_2O$ を 0.4 モル硫酸に溶かし，$10^{-3} \sim 10^{-2}$ モルの濃度で用いると ^{60}Co からの γ 線および 0.1〜2 MeV の電子線に対し，G 値は 15.6 ± 0.1 であることが確立されている．アルコールやベンゼンなど少量の有機性不純物は硫酸鉄(II)の酸化を増感するが，少量の食塩(0.005%)を加えることによって防ぐことができる．

　他の化学線量計としては，アラニンを照射することによって生じたフリーラジカルを ESR で検出する方法やメチレンブルーの脱色反応を利用する方法などが報告されている．

4 離脱電子および水和電子

　電子が親イオンから離脱できるほど十分なエネルギーをもつと自由な拡散運動をするが，最初に得たエネルギーが小さいと親イオンに引き戻されて中和する．このことを再捕獲という．液体中では電子の飛程は溶媒の種類によってそれほど違わないから，離脱電子の生成割合は，おもに電子に作用するクーロン力の強さ（つまり誘電率 ε に関係する）に依存する．正負の正負電荷間の引力は，誘電率の大きい液体ほど同じ距離での正負の正負電荷間の引力は小さくなるから，離脱電子の生成は誘電率の大きい液体ほど増すことになる．いまクーロン力によるポテンシャルエネルギーが平均熱エネルギー kT に等しくなる距離 r が離脱の成否を決めるとすると，

$$\varepsilon kT = e^2/r$$

表5-6. 種々の溶媒中での離脱電子の生成と溶媒の誘電率との関係

溶　媒	溶媒の誘電率	G（離脱電子生成）
シクロヘキサン	2.0	0.10
エチルエーテル	4.2	0.19
n-プロパノール	24	1.0
エチルアルコール	28	1.0
メチルアルコール	38	1.1〜1.5
エチレングリコール	50	1.2
水	80	2.3〜2.8

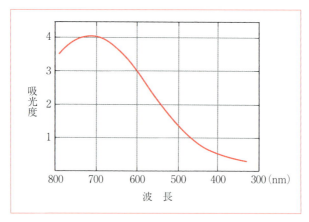

図5-9. 水和電子の吸収スペクトル

の関係が成立し，r の値は水では 7×10^{-10} m，シクロヘキサンで 2.80×10^{-8} m となり，炭化水素では離脱電子の生成は小さいことになる．表5-6にいろいろな溶媒中での離脱電子の生成 G 値を掲げる．水やアルコールのような極性溶媒中では，離脱電子は溶媒和して水和電子または溶媒和電子となる．水和電子は還元性ラジカルであり，中性またはアルカリ性溶媒中でその作用を現し，その存在はパルス放射線分解法を用いて図5-9に示すように，680 nm に吸収をもつことから確認された．H_3O^+，O_2，N_2O などの電子捕捉剤を加えると，この吸収は弱くなる．

　放射線化学反応では電子，イオン，フリーラジカル，励起種などが生成し，はじめはスプール内に局在するが，時間とともにスプールは拡散消滅し，系は

均一になる．スプール内の活性種の濃度は高く，媒質といろいろ反応する．スプール形成の寿命は，約 10^{-9} 秒と短い．

E. 固体における放射線照射の効果

　放射線の固体に対する作用は，定性的にいえば液体の場合と同様で，励起，電離，反跳，分解などである．しかし液体の場合と2つの重要な違いがある．1つは固体が高密度をもち，その構成原子の動ける範囲が限られていることで，もう1つは，相互作用が固体の電子構造の違いによって大きな違いを生ずることである．たとえば照射される固体が，金属，半導体，イオン性結晶，共有性結晶，プラスチックであれば，それぞれ違った相互作用がある．金属の場合には電離の効果は小さくなり，観察される変化は，主として弾性衝突による反跳効果によるものである．イオン性固体では電離による電子の放出と，それらの電子が格子点のほかの位置に移動したあと捕獲されることによって複雑なルミネッセンスや色の変化を示す．もし結晶中のイオンが多原子イオン（たとえば MnO_4^-，NO_3^-）であるか，または原子価の変動が可能ならば，その化合物の化学組成の変化，酸化数の変化を起こすことがある．ここでは放射線損傷として一般的に知られているいろいろな効果について述べる．

1 放射線損傷

　放射線照射によって固体中で起こる現象は，原子が移動し，間隙原子や欠陥数が増大し，固体中の不規則性が増すことである．さらに格子を構成する原子の種類と放射線のエネルギーによっては，核反応が起こり，異なった原子番号の新しい核種が生成し，結晶格子内に化学的に不純物が発生する．結晶の物理的，構造的変化は，存在する格子欠陥によって支配される．結晶中にはもともと偶然的な不規則性や不純物原子に起因する欠陥が存在するが，その他に，図 5-10 に示すような2つの型の欠陥がある．

　図 5-10 a は原子またはイオンがその正常な位置から離れ，格子の規則正しい層の間の間隙位置を占めているものを示し，これをフレンケル欠陥 Frenkel defect とよぶ．図 5-10 b は原子が正常な位置を離れ，表面とかその他の不連

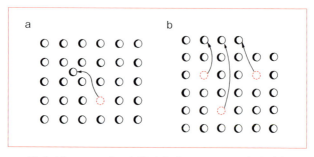

図 5-10. フレンケル欠陥 (a) とショットキー欠陥 (b)

続な部分（たとえば結晶間境界，転位，不純物）へ移動し，格子中に欠陥が残るもので，これを**ショットキー欠陥** Schottky defect とよぶ．欠陥の生成は熱力学的に可逆的であり，温度上昇とともに増加する．このことは不規則性が増大するとエントロピーが増大する事実と一致する．フレンケル欠陥の場合，1 cm^3 当たり正常な位置にある原子 N 個と平衡にある間隙位置の原子数 n は，ボルツマン分布則によって次式に示されるように温度とともに変わる．

$$n = Ne^{-E/RT}$$

ここで E は原子が間隙位置を移動するために必要なエネルギーである．ショットキー欠陥の場合にも同様な関係式が得られる．固体が放射線で照射されると，弾性衝突によって格子内原子が移動（変位）し，同時に温度上昇を伴う．変位した原子はもう1つほかの原子を変位するに十分な運動エネルギーをもつかもしれないし，その原子がさらに第三の原子を変位させるという具合に，次々に変位を起こすかもしれない．変位の結果生ずる結晶格子の歪みは，結晶の機械的，電気的性質に変化をもたらす．すなわち硬さが固くなったり，電気抵抗が大きくなったり，密度変化が起こる．しかし放射線によって生ずる結晶格子の歪みは，適当な温度でアニーリングすることによって，部分的にまたは完全に取り除くことができる．

2 無機化合物の放射線損傷

固体の種類によって放射線損傷は異なる．

1）金属および合金の放射線損傷

一般的に合金は，合金の性質が結晶格子の規則性に敏感なため，放射線照射により純金属の場合より放射線照射により著しい変化を示す．金属ウランは高速中性子や核分裂片の作用で大きな損傷を受ける．たとえばウランの板は $10^{19}n/cm^2$ の高速中性子照射で板の厚みが変わり，金属はねじれ，輝き，硬さが増してくる．銅は液体窒素または液体ヘリウム温度で，10～20 MeV の He^{2+}，重陽子，高速中性子で照射されると，大きな損傷を受け，電気抵抗は増大し，硬さも増し，密度は減少する．しかし，アニーリングがかなり低温でも起こり，試料を少し温めると逐次的に物理的性質が回復する．

2）イオン性および共有性結晶の放射線損傷

イオン性および共有性化合物の放射線に対する影響は，それらの組成や化学結合の種類に依存する．ダイヤモンド，炭素，ケイ素，石英などの格子定数は高速中性子照射で大きくなる．次に示す酸化物の放射線に対する安定性の順序は，

$Al_2O_3 > BeO > ZrO_2 > SiO_2$

で，これは化学結合の共有性の大きさの順序と一致している．

放射線に対する感受性の違いは，放射性核種を含む鉱物を調べてもわかる．希土類元素鉱物やウラン，トリウム鉱物，たとえばカツレン石，ジルコン，トール石などの表面は結晶構造をもつが，内部は無定形である．これは鉱物に含まれる放射性核種からの α 粒子の放出によって，初め正規の格子位置にあった原子が反跳して生じたものである．同じ放射性核種を含む鉱物でもカルノー石，モナズ石等はこのような状態を示さない．これらの鉱物が構造的に最密充填されたより安定な格子構造をもち，放射線の反跳に対して抵抗性が高いためである．塩化ナトリウム，塩化カリウムの結晶を γ 線，陽子，高速中性子で照射すると，硬度は増し，密度は小さくなるなど物理的性質が変化する．

3 有機化合物に対する放射線の作用

有機化合物は種類が豊富で，いろいろな物質について，さまざまな条件で放射線化学反応が行われている．ギ酸，酢酸，アルコールなどの水溶液中の放射線分解では，水の放射線分解が重要な役割を演じる．無機物の放射線分解反応

の場合と同様に,系中に酸素が存在する場合と,存在しない場合で異なった反応が起こる.たとえばギ酸水溶液で酸素が存在するとき,しないときの反応は次のようになる.

酸素が存在するとき

$$HCOOH + \cdot OH \longrightarrow \cdot COOH + H_2O$$
$$\cdot COOH + O_2 \longrightarrow HO_2 \cdot + CO_2$$
$$\cdot H + O_2 \longrightarrow HO_2 \cdot$$
$$2HO_2 \cdot \longrightarrow H_2O_2 + O_2$$

H_2O と CO_2 以外に H_2O_2 が生じる.

酸素が存在しないとき

$$HCOOH + \cdot H \longrightarrow \cdot COOH + H_2$$
$$HCOOH + \cdot OH \longrightarrow \cdot COOH + H_2O$$
$$H_2O_2 + \cdot COOH \longrightarrow \cdot OH + CO_2 + H_2O$$
$$2 \cdot COOH \longrightarrow HCOOH + CO_2$$

と $HO_2 \cdot$ は生じない.

有機化合物の放射線分解の基礎的なものとして,飽和炭化水素が詳細に研究されている.炭化水素中のC-C結合,C-H結合は不規則に,同程度に切れる.生成する水素には分子状のものとラジカルがある.RHを飽和炭化水素とすると,

$$RH \longrightarrow \cdot H + \cdot R$$
$$RH + \cdot H \longrightarrow H_2 + \cdot R$$

によりラジカルと水素が生成する.

有機化合物の放射線照射で,実用上重要な意味をもつのは高分子化合物である.ポリマーを放射線照射すると構造変化や減成,ある場合にはこの両方が同時に起こる.ポリエチレン C_nH_{2n} は直鎖状のポリマーで,1分子当たりおよそ2,000個の炭素原子をもっている.この化合物は室温で約70%結晶性であるが,加熱すると70~115℃の間でゆっくりと無定形状態となり,ついに粘性の高い液体となる.この化合物を原子炉中性子で照射すると,透明な樹脂状となり,結晶性はあまりよくないが,弾性に富み,化学的抵抗性の優れたものになる.そして300℃でも融解しなくなる.またポエチレンは放射線照射で重量が減少するが,これは H_2, CH_4 などのガス放出による.その際,隣の分子との間に新

しい C-C 結合をつくって架橋構造をとり，より強い三次元格子をつくる．この反応は加硫によってゴム中に生成する架橋と類似している．架橋をつくるのに必要なエネルギーは，鎖の長さに無関係で 24 eV であると推定されている．ポリスチレン，ネオプレン，ナイロン，ポリ塩化ビニル，ポリメチルシロキサン，ゴムなどもまた原子炉照射で架橋される．

　ポリメチルメタクリル酸塩，テフロン，ポリイソブチレン，セルロースなどのポリマーは放射線照射によって主鎖および側鎖が切断されてガスを発生する．そのため照射によって平均分子量が小さくなり，物理的性質も変化する．たとえばポリイソブチレンは粘性の高い液体になり，セルロースは粉末になる．Miller や Balwit らによればポリマーが架橋反応を起こすか，崩壊反応を起こすかは，ポリマーの化学構造によって決まる．つまり，主鎖の1つの炭素に対し，α の位置に少なくとも1つの水素を含む，すなわち次の左式のような構造単位をもっているものは架橋反応を起こす．

　　　$(-CH_2 \cdot CH_2-)_n$,　　　　$(-CH_2 \cdot C \cdot C \cdot H-R-)_n$

　一方，高分子鎖中に C-H 結合のない炭素（上の右式）が存在するものは崩壊を起こす．

　いろいろな樹脂類の中性子や γ 線などの照射に対する反応性が研究され，放射線に対して次のような相対的安定性の順位が見出されている．ポリスチレン＞アニリン-ホルムアルデヒド樹脂＞ゴム＞ポリエチレン＞ナイロン＞シリコン＞フェノール-ホルムアルデヒド樹脂＞チオコール＞エチレングリコール＞ポリ塩化ビニル＞セルロース＞テフロン＞ポリメチルメタクリル酸塩

　Chapiro らは放射線照射によって1つのポリマーの側鎖をほかのポリマーにつなぐ，つまりグラフト graft（つぎ枝）と呼ばれる研究を行った．たとえばアクリロニトリルをポリ塩化ビニルにグラフトすると，それらの構成成分の性質を兼ね備えたようなポリマーが得られる．このように高分子に対する放射線効果は化学反応で合成できないものもあるため，現在では高分子材料の分野で放射線が非常に利用されている．

— 演習問題 —

問 1. 鉄線量計を用いて，^{60}Co 線源の線量測定を行った．標準手法にしたがって調整した水溶液 100 g に 30 分間 ^{60}Co 線源の γ 線を照射した．このとき，5.6×10^{-4} g の Fe^{3+} を生じた．鉄線量計の吸収線量率（Gy/h）を求めよ．

問 2. W 値について間違いはどれか．
 a．窒素や酸素に対して 30 〜 35 eV 程度の値である
 b．イオン化ポテンシャルより大きい
 c．照射粒子によって値は変わらない
 d．気体中に 1 個のイオン対をつくるエネルギーである
 e．放射線照射によって生成した分子数を M，生成したイオン対の数を N とすると，G 値とは $G = (M/N) \times (100/W)$ の関係がある．

問 3. 水和電子の性質について間違いはどれか．
 a．O_2，N_2O などの電子捕捉剤を加えると消える
 b．680 nm に吸収をもつ
 c．還元性ラジカルで中性またはアルカリ性で作用する
 d．可視光を照射すると生成する
 e．離脱電子が溶媒和したものである

問 4. 鉄線量計について間違いはどれか．
 a．鉄（Ⅱ）を用いる   b．$G(Fe^{3+})$ は約 15 である
 c．物理的線量計の一種である
 d．鉄（Ⅲ）の定量分析が必要である
 e．不純物を含まない純水が必要である

6章 放射性核種の利用とトレーサ化学，原子力

SUMMARY

　放射性核種を密封線源として利用する例として，^{63}Ni から放出されるソフト β 線がガスクロマトグラフィの検出器に，^{57}Co や ^{119m}Sn など低エネルギー γ 線放出核種がメスバウアー共鳴吸収（核共鳴吸収）の線源に，^{192}Ir が 0.3〜0.5 MeV の多数の γ 線を均一に放出することから非破壊検査の線源に，^{60}Co，^{85}Kr，^{90}Sr，^{137}Cs，^{147}Pm が厚さ計，レベル計，密度計に，さらに ^{241}Am-Be と ^{252}Cf が中性子線源に利用されている．医療用密封線源としては，^{137}Cs が血液照射に，^{60}Co がガンマナイフに，^{192}Ir が埋め込み型の癌治療に，^{60}Co，^{192}Ir がラルス用線源に利用されている．放射性核種を含む化合物は，同じ種類の安定核種からなる化合物と化学的な性質はまったく同じであるが，その核種ごとに特有な放射線を放出している．このような性質を利用して，放射性核種は簡単な操作で複雑かつ微量の生体物質を分析するラジオイムノアッセイや，放射性標識化合物の体内動態を調べる陽電子断層写真による核医学診断など多くの分野で利用されている．
　原子核内部の巨大なエネルギーが放出されるウランの核分裂を利用した原子力発電は，現在ではわが国の発電量の約 30% を占めている．また水素の核融合を利用した核融合発電は未来のエネルギーとして期待されている．

A. 放射性核種の利用

放射性核種を物質の移動や化学反応の解明に用いる利点は，放射性核種を含むある物質を高感度で，かつ容易に測定でき，その物質の移動や反応過程を追いかけることができることで，その放射性核種をトレーサtracerとよんでいる．

1）核種の半減期

放射性核種をトレーサとして使用するとき，まずはじめに留意することはその放射性核種の半減期である．1回の実験時間の1/2以上の半減期があることが望ましい．一方，半減期は長ければ実験上は便利であるが，汚染した場合の処理が大変であるし（しばらく放置しても放射能が減衰しない），内部被曝線量も相対的に高くなる．実験に使用するに十分であればできるだけ短い半減期の放射性核種を利用することが望ましい．

2）放射線の種類，エネルギー

放射線といっても α, β, γ 線で検出方法はまったく異なる．γ線放出核種は検体から遠くまで放射線が放出されているので，検出に最も便利である．半導体検出器によるγ線スペクトロメータを使用すれば，同時に多くの核種を定量できる．β線放出核種の場合はエネルギーによってその測定手段はかなり異なってくる．エネルギーの高いβ線放出核種である ^{32}P（最大エネルギー1.71 MeV）はGM計数管，比例計数管で測定できるが，エネルギーの低い ^3H（18.6 keV）や ^{14}C（156 keV）は試料の自己吸収でさえぎられ，ほとんど外部に放射線を放出しない．しかし現在では液体シンチレーションカウンタで，水や溶媒に溶ける物質のβ線放出核種をほとんど自動的に絶対測定することができる．α線放出核種は試料自体による自己吸収が激しいので，金属板の表面に電着して測定するなどの方法しかなかったが，最近では液体シンチレーションカウンタでの測定が可能になり，試料の取り扱いが容易になった．α線放出核種を摂取すると内部被曝量がたいへん高く，そのうえ廃棄物の処理もほとんど不可能なので，使用計画を慎重に，廃棄物量があまり発生しないように考慮する必要がある．

3）比放射能

トレーサを加えて化学操作したり，代謝させたりするとトレーサの放射能濃度はだんだん薄められて，比放射能 specific activity が低くなっていく．した

がって最終的に測定する物質の放射能が測定できるためには，希釈率に応じた高い比放射能が必要になる．しかし比放射能が高いと，放射線分解が起こりやすいし，ラジオコロイドにもなりやすいので，必要量よりすこし少なめの坦体を加えておくのがよい．

4）放射化学純度

放射化学純度とは，溶液全体の放射能に対する目的の化合物中の目的放射性核種による放射能の割合である．有機の標識化合物では放射線分解による化合物の純度の低下がある．坦体を添加して保護された標識化合物以外は，数カ月経過したら使用しないほうがよい．重要な場合は使用前にクロマトグラフィや泳動法などにより純度の検定を行うことが望ましい．

B. 分析化学へ応用

放射性核種を利用して安定な元素を分析する方法を分類すると次のようになる．

①**放射分析** radiometric analysis：目的物質と定量的に反応する放射性核種を用い，反応生成物の放射能から目的元素を定量する．

②**同位体希釈分析** isotope dilution analysis：目的元素と同じ元素の放射性核種を加え，比放射能の低下から，目的元素を定量する．

③**放射化分析** radioactivation analysis：中性子などの放射線を物質に照射し，目的元素の放射性の核反応生成物を測定して，目的元素を定量する．

なお，放射性核種そのものを分析する方法を放射化学分析 radiochemical analysis という．

1 放射分析

放射分析は非放射性の目的物質に放射性物質を結合させるので，目的物質と定量的に反応して，その反応生成物を分離できる放射性試薬が必要となる（図6-1）．定量的に反応すれば，反応生成物の放射能からでも，未反応試薬の放射能からでも，目的物質を定量できる．目的物質または放射性試薬を滴下して，終点における溶液中の放射能の変化から定量する放射分析があり，これを放射

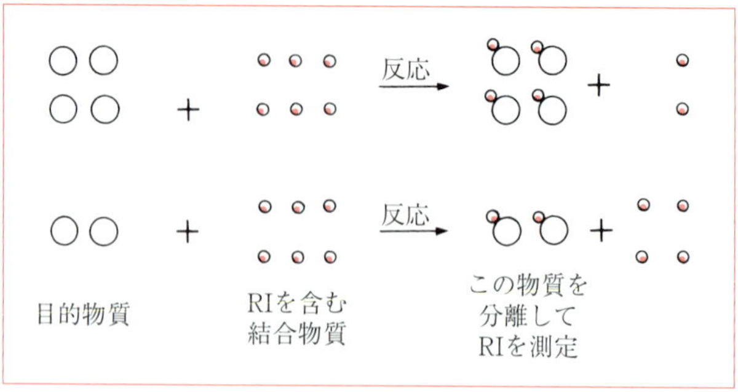

図 6-1. 放射分析の原理

滴定法 radiometric titration method という．この方法の特色は，適当な放射性試薬さえあれば，簡単で，かつ精度よく定量できることである．目的の生成物と未反応試薬をきちんと分けることができればよく，たとえば遠心分離器などを利用して，上澄み液を測定すれば，非常に迅速に分析できる．

1) 亜硝酸コバルトナトリウムによるカリウムの定量

カリウムイオンの入った溶液に ^{60}Co でラベルした亜硝酸コバルトナトリウムを過剰に加えて，生成した沈殿をろ過する．沈殿中の ^{60}Co の放射能を測定すればカリウムが定量できる．

$$2K^+ + Na_3{}^*Co(NO_2)_6 \rightarrow K_2Na{}^*Co(NO_2)_6 + 2Na$$

0.1〜0.002 mg のカリウムが定量でき，雨の中のカリウムイオンが簡単に定量できる．

2 同位体希釈分析

放射性核種を用いる同位体希釈分析には，① 直接希釈法 direct dilution method，② 逆希釈法 reverse dilution method，③ 二重希釈法 double dilution method，④ 不足当量法 substoichiometric isotope dilution method に大別される．

1) 直接希釈法

目的化合物（質量 W_x）の入った試料溶液に，放射性核種で標識された同じ化合物（質量 W_1，放射能 A_1，したがって比放射能 $S_1 = A_1/W_1$）を添加し，混合

する．その溶液から目的化合物を純粋に分離し，その質量W_sと放射能A_s（比放射能S_s）を測定する．全放射能は混合前後で等しいので，W_xは次式から計算できる（図6-2 a）．

$$S_s(W_x + W_1) = S_1 W_1$$

2）逆希釈法

目的の放射性核種を含む化合物（質量W_x，放射能A_x，比放射能$S_x = A_x/W_x$）を，放射性核種を含まない化合物（質量W）で希釈して，混合する（図6-2 b）．混合後の比放射能をS_sとすると，全放射能は混合前後でも等しいので次式が成立する．

$$S_x W_x = S_s(W_x + W)$$

混合後その化合物を分離して，その比放射能S_s，つまり重量W_sと放射能A_sを測定する．質量W_xか放射能A_xのどちらかがわかっているか，比放射能がわかっていれば，目的の量が計算できる．

3）二重希釈法

逆希釈法では質量W_x，放射能A_x（比放射能S_x）ともにわからないときは不可能であったので，試料を2等分して，添加する安定同位体の量を2種類（W_1とW_2）にして，混合分離後，ともに質量（W_s, W_t）と放射能（A_s, A_t）（比放射能S_s, S_t）を測定する（図6-2 c）．

$$S_x W_x/2 = S_s(W_x/2 + W_1)$$
$$S_x W_x/2 = S_t(W_x/2 + W_2)$$

未知数が2個，方程式が2個で試料中の質量W_x，比放射能S_xは計算できる．

4）同位体誘導体法

同位体希釈分析では，放射性核種によってラベルされた目的化合物が必要であるが，それがなくても，放射分析の場合のように，その化合物を含むいくつかの化合物に放射性の試薬を結合させ，同位体（アイソトープ）誘導体をつくる．その後は逆希釈法と同じで，一定量の目的化合物を加えて，混合する．そこから目的化合物を純粋に分離し，重量と放射能を測定し，分析する方法である（図6-2 d）．たとえばアミノ酸混合物中のあるアミノ酸を定量するために，^{131}Iまたは^{35}Sで標識した塩化p-ヨードフェニルスルホニルを添加して，ピプシル誘導体をつくる．次に非放射性のアミノ酸の塩化p-ヨードフェニルスルホニル誘導体を一定量添加し，ペーパークロマトグラフィで分離して，その比放射

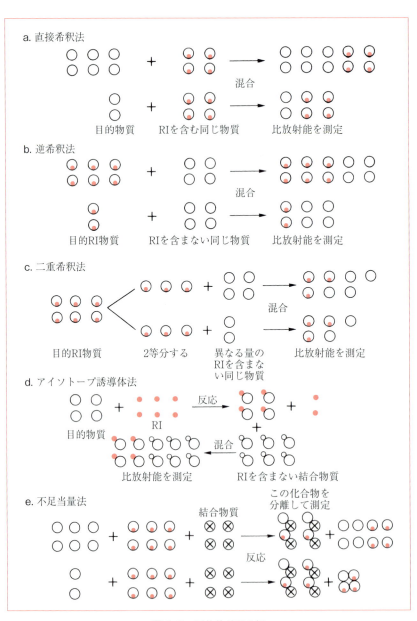

図 6-2. 同位体希釈分析

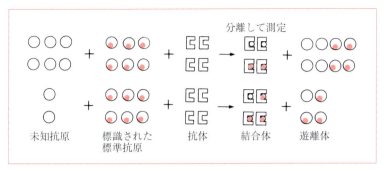

図 6-3. ラジオイムノアッセイ

能を測定すれば，目的のアミノ酸が定量できる．

$$I^*\text{-}\bigcirc\text{-}SO_2Cl + H_2N\cdot CHRCOOH \rightarrow I^*\text{-}\bigcirc\text{-}SO_2NHCHRCOOH + HCl$$

5）不足当量法

　直接希釈法では分離した化合物の質量も放射能も測定しなければならない．そこで少なくとも常に存在する量以下の一定量（W_c）を，沈殿法または，溶媒抽出法で分離するようにする．その分離された量の放射能（A_s）のみ測定すれば，比放射能 S_s はわかる（$S_s = A_s/W_c$）．目的物質量 W_x は添加した放射性の化合物量 W_1，比放射能 S_1 から次式で計算できる（図 6-2 e）．

$$S_s(W_x + W_1) = S_1 W_1$$

3 ラジオイムノアッセイ

　ラジオイムノアッセイ radioimmuno assay（RIA：放射免疫分析法）は同位体希釈法に抗原-抗体反応を利用した抗原の定量法で，0.1 mL の血液など検体中から pg から ng 量のホルモンや酵素など多くの体内物質が定量でき，肝機能検査などに使用されている．

　目的抗原に一定量の標識した抗原と一定量（標識抗原より不足量）の抗体を添加する．一定時間抗原-抗体反応させた後，遠心分離法などで結合体と遊離体を分離し，抗体と結合した放射能を測定する．あらかじめ既知の抗原を用いて作成した検量線から，抗原の量を求める（図 6-3）．原理的には同位体希釈分析

であるが,反応が完全に終了するとはかぎらないので,検量線を用いる.また抗体-抗原結合体の吸着剤を試験管の内部のまわりに吸着させて,一定時間培養後,溶液を捨てるだけで,結合体の放射能を分離できる簡便な方法が開発されており,固相法とよんでいる.

抗原の標識にはほとんど^{125}I が用いられる.おもな標識法は,K^{125}I とタンパク質の混合液にクロラミンTを加えると,I$_2$が生成し,タンパク質中のチロシン残基に^{125}I が付加する方法である.

ラジオイムノアッセイに類似した方法に,ホルモンやビタミンDなどと結合するレセプターとの反応を利用するラジオレセプターアッセイ radioreceptor assay (RRA), ラジオイムノアッセイより一般的な抗原・抗体反応を用いるイムノラジオメトリックアッセイ immunoradiometric assay (IRMA), 標識化合物と未知試料を同時に特異的なタンパクに結合させ,その希釈率から定量する競合的タンパク結合測定法(CPBA)などがある.

4 放射化分析

a 熱中性子放射化分析

安定な核種に熱中性子を照射すると,多くの場合(n, γ)反応を起こし,放射性の核種が生成する.電荷が中性な中性子はクーロン反発を受けず,原子核に近づき,核反応を起こすことができる.いまある原子核に t 秒間照射すると,照射直後の生成放射能(A Bq)は次式から計算される.

$$A = f\sigma NS = f\sigma N(1-e^{-\lambda t}) = f\sigma N[1-(1/2)^{t/T}]$$

ここで f は照射粒子束密度($n\mathrm{cm}^{-2}\mathrm{s}^{-1}$),$\sigma$ は放射化断面積(cm^2),λ は生成核の壊変定数,T は生成核の半減期である.試料(原子量 M)を Wg,核反応を起こす原子核の同位体存在度を θ とすると,生成される原子核の数 N は次式で表される.

$$N = \theta(W/M) \times 6.02 \times 10^{23}$$

この数を上の式にいれる.

$$A = 6.02 \times 10^{23} f\sigma\theta W(1-e^{-0.693t/T})/M$$

次の S を飽和係数といい,図6-4の前半のようになる.

$$S = 1 - e^{-\lambda t} = 1 - (1/2)^{t/T}$$

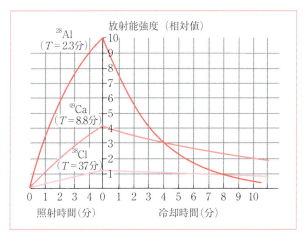

図 6-4. 放射化分析における照射時間と冷却時間
(日本アイソトープ協会, 1979 より)

図からわかるように十分な放射能を得るためには, その核種の 0.5 半減期程度照射したいし, 3 半減期以上照射してもあまり増加しない. $t \ll T$ のときは次のように近似できる.

$$S = 1 - e^{-0.693t/T} = 0.693^{t/T}$$

照射を停止した後は生成核の半減期に従って減少していく(図 6-4 の後半). A_0 は生成放射能である.

$$A_t = A_0 e^{-\lambda t} = A_0 (1/2)^{t/T}$$

実際の放射化分析では, 照射粒子束密度や照射時間を正確に測定するのは難しいので, 多くの場合目的元素を含む標準試料を, 同時に照射し, その放射能との比から定量する. 熱中性子源としては日本原子力研究所東海研究所の原子炉などが利用できる.

中性子放射化分析の特色は非破壊で, かつ多元素が同時に高感度で分析できることである. 表 6-1 に典型的な放射化分析の感度を示す.

ⓑ 種々の放射化分析

上で述べた放射化分析は, 代表的な原子炉の熱中性子による放射化分析であるが, それ以外の放射化分析もいくつかある.

表 6-1. 熱中性子放射化分析の感度

感度 (g)	元　素
$(3\sim5)\times10^{-13}$	Dy, Eu, In
$(1\sim4)\times10^{-12}$	Co, Ag, Rh, Ir, V
$(6\sim9)\times10^{-12}$	Mn, Br, I
$(2\sim5)\times10^{-11}$	Th, Pr, Sc, Lu, Nb, Ga, Sm, Cu, Re, Ho, U, Al, Hf
$(6\sim9)\times10^{-11}$	Kr, Ba, Au, Ar, Cs
$(2\sim5)\times10^{-10}$	Se, Er, Cl, W, Zn, As, La, Na, Pb, Pt, Yb, Gd, Ge
$(6\sim8)\times10^{-10}$	Os, Te, Nd
$(1\sim3)\times10^{-9}$	Tl, Rb, Sb, Sr, Ti, Mo, Xe, Mg, Cr, Hg, Y, Tm, K
$(4\sim7)\times10^{-9}$	Ru, Sn, Tb, Ni, Ta, F, Ca
$(2\sim4)\times10^{-8}$	Si, Ne, Ce, P, Cd
$(4\sim5)\times10^{-7}$	S, Bi
$(2\sim5)\times10^{-6}$	Zr, Pb, Fe
$(2\sim6)\times10^{-4}$	O, N

（古川路明，1994 より）

1）速中性子放射化分析　fast neutron activation analysis

加速器，おもにコッククロフト・ウォルトン型加速器で重陽子を加速し，トリチウムターゲットに衝突させると，14 MeV 中性子が発生する．この中性子を用いて放射化分析ができる．粒子密度が大きくないので，感度は高くないが，窒素，酸素など特定の元素の分析には用いることができる．この方法の最大の特色は原子炉がいらないことである．

2）中性子誘起即発γ線分析法
　　neutron induced prompt γ-ray analysis（PGA）

原子核が中性子を捕獲すると，多くの原子核が励起状態になり，ただちにγ線を放出する．この反応直後に放出されるγ線を測定することにより，多くの核種が測定できる．PGA では普通の中性子放射化分析では困難な水素，ホウ素，窒素などが，同時非破壊で分析できるので，熱中性子放射化分析と併せて実施すれば，より多くの元素の非破壊分析が可能になる．中性子誘起即発γ線を測定するためには，その測定装置を設置した原子炉が必要となり，日本では日本原子力研究所東海研究所に設置されている．

3）荷電粒子放射化分析　charged particle activation analysis

サイクロトロンなどの加速器で，陽子，重陽子，^{3}He 原子を分析試料に衝突

表 6-2. おもなアクチバブルトレーサ法

トレーサ	天然同位体存在比(%)	放射化断面積(b)	生成核種(半減期)	おもな用途
理工学分野				
^{151}Eu	47.8	670	^{152m}Eu (9.31 h)	トンネル，ダム漏水の流れ
^{191}Ir	37.3	370	^{192}Ir (73.8 d)	石，砂の流れ
^{139}La	99.9	57	^{140}La (40.3 h)	同上
^{164}Dy	28.2	790	^{165}Dy (2.33 h)	排気ガスの流れ
^{115}In	95.7	148	^{116m}In (54.4 m)	同上
医学分野				
^{58}Fe	0.31	0.9	^{59}Fe (44.5 d)	血球量の測定
^{50}Cr	4.31	11	^{51}Cr (27.7 d)	血球の寿命
^{36}S	0.016	0.14	^{37}S (5.1 m)	
^{41}K	6.91	1.0	^{42}K (12.4 h)	

させ，核反応生成物の放射線を測定して元素を定量する．本方法も熱中性子放射化分析では困難な元素が分析できるのが特色である．また荷電粒子は中性子と異なり，透過性はないので表面の分析方法となる．

4) 荷電粒子励起 X 線　particle induced X-ray emission（PIXE）

比較的エネルギーの弱い荷電粒子を分析試料に衝突させると相互作用で X 線が発生する．その特性 X 線のエネルギーと強度を半導体検出器で測定・解析すれば，構成元素とその含有量を定量分析することができる．

5) アクチバブルトレーサ（後放射化）法　activable tracer method

地下水の流れを調べたり，生体内の代謝の流れを調べるために標識をつけた物質を用い経過を追跡できると便利である．標識物質として放射性同位体を用いると便利ではあるが，環境中で用いると環境汚染を招くし，生体に用いると人体に被曝をもたらす．このために通常はあまり存在しないが，化学的に安定で後で放射化分析で感度よく検出できるような物質が用いられる．後で放射化分析できる物質を用いて追跡する方法をアクチバブルトレーサ法という．おもなアクチバブルトレーサを表 6-2 に掲げる．この方法に使われる元素として自然界での存在量が小さい希土類元素や自然界での同位体存在比が小さい核種が選ばれている．

C. 有機化学および生化学への応用

放射性核種は比放射能を高くすれば，きわめて感度が高くなるし，放射線を放出するので，比較的容易に検出できる．したがって，動物や植物の生体中の特定の物質をトレースするのに最適である．それらの生化学的研究に用いられる核種は一般的な有機化合物の構成元素の放射性同位体である^{3}H（トリチウム），^{14}Cさらにタンパク質や核酸の構成元素である^{32}P, ^{35}Sがよく用いられる．またそれらの化合物と結合する核種として，^{125}I, ^{131}I, ^{59}Fe, ^{51}Crもたびたび使用される．残念ながら酸素と窒素にはよい放射性同位体はなく，どうしても使用したい場合は安定同位体である^{18}Oや^{15}Nを用いるしかない．サイクロトロンで製造すると^{15}O（半減期122秒）や^{13}N（10分）が得られるが，半減期が短かすぎるので核医学診断のみに用いられる．

1 物質の移動や分布状態の研究

放射性核種の最大の特色は，放射線を放出して，その存在を知らせてくれることであるから，投与した放射性核種がどのように移動，分布していくかの解明はその特色をいかしている．

1）オートラジオグラフィ　autoradiography

第3章で述べられているオートラジオグラフィは，生化学的研究に大変よく使用される．動物や植物に放射性核種を摂取させた後，生体内での特定の成分の移動過程や分布を種々のレベル（マクロから電子顕微鏡まで）で観察できるこの方法は，放射性核種の特色を最もよく活用している．

2）陽電子断層撮影法　positron emission transaxial tomography（PET）

陽電子は電子と衝突して消滅し，反対方向に2本の0.51 Mevのγ線を出す．立体的に検出すれば，その陽電子を発生させた核種の方角が分かる．何本かのこの対γ線の方角の一致から，特定の場所がわかる（図6-5）．サイクロトロンで製造された陽電子放出短寿命核種^{11}C, ^{13}N, ^{15}Oおよび^{18}Fで標識された有機化合物を短時間に合成して，摂取させ，PETで観察するとその有機化合物およびその代謝物の体内の動態分布がわかる．たとえば^{18}F-2-フルオロ-2-デオキシグルコース（FDG）を用いて，脳内におけるグリコーゲン代謝を観察するこ

表 6-3. PET で使われているおもな核種とその特徴

核種(半減期)	ターゲット	生成する反応	β^+ の最大エネルギー	使われている化学形
$^{11}_{6}C$ (20.39 m)	N_2	$^{14}N(p, \alpha)^{11}C$	0.96 MeV	一酸化炭素,酢酸,メチオニン,コリン
$^{13}_{7}N$ (9.96 m)	H_2O, CO_2 CH$_4$	$^{16}O(p, \alpha)^{13}N$ $^{12}C(d, n)^{13}N$	1.20 MeV	アンモニア,窒素
$^{15}_{8}O$ (2.04 m)	N_2 N_2	$^{14}N(d, n)^{15}O$ $^{15}N(p, n)^{15}O$	1.73 MeV	酸素,水,一酸化炭素,二酸化炭素
$^{18}_{9}F$ (109.8 m)	H_2O Ne	$^{18}O(p, n)^{18}F$ $^{20}Ne(d, \alpha)^{18}F$	0.633 MeV	FDG

PET で使われている核種の崩壊形式はすべて β^+,EC で,医用で利用されている核種の中で短い半減期をもつ特徴がある.

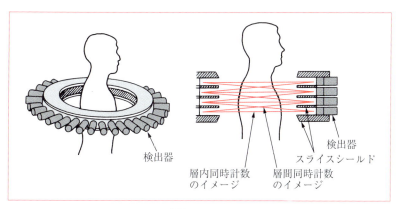

図 6-5. 陽電子断層写真の原理
(日本アイソトープ協会,1984 より)

とにより,感情や理性など脳内における活動部位の違いなどが明らかになってきた.PET で使われている核種とその特徴を表 6-3 に掲げる.

3) 単一光子放射断層撮影 single photon emission computed tomography (SPECT)

SPECT が腫瘍の診断や血液循環の診断によく使われている.SPECT に

は^{67}Ga（半減期 78.3h），^{99m}Tc（半減期 6.01h），^{111}In（半減期 2.81d），^{123}I（半減期 13.2h），^{133}Xe（半減期 5.24d），^{201}Tl（半減期 72.9h）などエネルギーの弱いγ線を放出する短寿命核種が使われており，販売元から取り寄せて使われている．

2 有機反応機構，代謝経路の解明

　有機反応機構の解明への放射性同位体の利用には，2つの方法がある．第一の方法は標識法で，特定部位を標識して，その原子の追跡により，反応後どの部位に行ったかを確かめるもので，反応がどの部分で起こっているのかがわかる．第二の方法は，化合物中のある原子を同位体に変えたとき元の原子との質量の違いによって反応速度や物理的・化学的行動が変化することがありこれを同位体効果という．これを利用するもので，同位体効果も反応経路を知る手がかりになる．

　代謝経路は単一の有機反応のみではなく多くの反応のつながりであり，トレーサ利用は複雑な代謝経路の解明に威力を発揮する．たとえば光合成回路や遺伝子の複製などトレーサ技術を用いて解明されている．

D. 標識化合物

　化合物の中のある一部の原子を放射性核種に置き換えたものを標識化合物 labelled compound という．多種多様な標識化合物を用いることにより，多くの研究が可能になる．多くの標識化合物が市販されているが，市販されていない場合には合成を依頼できる機関もある．しかし標識化合物を使用したり，合成を依頼したりするうえで，それらの合成に関する知識は必要であるし，合成法が簡単であれば，合成したほうがよい場合もある．また標識化合物の取り扱いには，特有の注意も必要であり，それらを十分知ったうえで標識化合物を使用すればより効果的に利用できるであろう．

1 標識化合物の合成法

標識化合物の合成法はなるべく簡単で，高収率であることが望ましい．そのためには合成の最終段階に近いところで放射性同位体を組み込むのがよい．そうすることにより，同位体の損失を防ぎ，また取り扱い中での被ばくを最小にすることができる．

ⓐ 化学合成法

化学反応を利用する方法で，分子中の希望の位置に標識でき，多重標識が可能である．高比放射能，高収率の製品が得られる，短時間で行えるなどの利点がある．しかし，複雑な化合物の合成は難しい．

$Ba^{14}CO_3$ から ^{14}CO や $^{14}CO_2$ を経て，

$$^{14}CO + \beta^- + Cl_2 \longrightarrow {}^{14}COCl_2 (ホスゲン),$$
$$^{14}CO_2 + LiBH_4 \longrightarrow H^{14}COOH$$

などを得る．また，

$$RMgX + {}^{14}CO_2 \longrightarrow R^{14}COOH$$

グリニヤール反応試薬 RMgX を用いるこの反応はグリニヤール反応と呼ばれ，炭素化合物の合成でよく使われている．

ⓑ 生合成法

ホルモン，アルカロイド，多糖類，タンパク質などの複雑な構造の標識化合物は，酵素や微生物を $^{14}CO_2$ 中で培養したり，生物体の新陳代謝などを利用して合成する．光学活性体も合成できる．しかし，合成を生物に任せているので標識位置は不定で，比放射能，収率を自由に決定できない難点がある．$^{14}CO_2$ を含む空気中でクロレラを培養すると ^{14}C を含むタンパク質を得ることができる．さらに，これを分解して ^{14}C を含むアミノ酸や ^{14}C で標識されたデンプンを得ることができる．

ⓒ 同位体交換法

特殊条件での同位体交換反応を利用して合成する方法で，トリチウム化合物やヨード化合物の標識によく用いられている．合成困難な物質の合成が可能で

あるが，特定の位置のみを標識するのは難しい．簡単に同位体交換が起こる反応では逆反応も起こりやすいので，高温下などの特殊な条件下で反応を行う必要がある．たとえば，

$$CH_3I + K^{125}I \rightleftharpoons CH_3{}^{125}I + KI$$

がある．

d 反跳合成法（；ジラード・チャルマー法）

ホットアトム反応を利用して合成する方法で，標識したい有機化合物の中で ^3H や ^{14}C が生成する核反応を起こさせると，生成した ^3H や ^{14}C は反跳して有機物にぶつかり標識が起こる．収率は低く，標識位置も一定しない．合成困難な物質の合成も可能で，特殊な場合には簡単に比放射能の高い化合物が得られる利点もあるが，標識副産物を生成したり，標識位置を制御できない難点がある．原子炉に試料として C_2H_5I を入れて中性子照射すると，ヨウ素が放射化されるが，そのときに炭素とヨウ素の結合が切れて ^{125}I が生成する．ここに生じた ^{125}I は非放射性のヨウ素を含んでいないため非常に大きな比放射能を有するヨウ素を得ることができる．このヨウ素 ^{125}I をホットアトムとよぶ．中性子照射の場合，放射線分解に対する配慮も必要である．

反跳エネルギー E (eV) は，γ 線のエネルギーを E_γ (eV)，原子の質量を M とすると，$E = 537 E_\gamma{}^2/M$ で表される．

e ウイルツバッハ法

有機物を，トリチウムガス（T_2）あるいはトリチウム化した溶媒中に数日間密封して放置しておくと標識できる．同位体交換反応を利用して，トリチウム標識化合物を作る方法である．反応原理は不明であるが，下記の $^3He^3H^+$（HeT^+）ができて反応が起こると考えられている．

$$^3H_2 \rightarrow {}^3He^3H^+ + \beta^- + \nu$$

2 標識位置

合成法により標識の仕方が異なるので，標識位置を下記のように分類する．

ⓐ 特定位標識化合物

特定の位置に大半の放射性核種が標識されているもので，標識位置を明記する．[1-^{14}C] チミンのように標識位置を書く．

ⓑ 名目標識化合物

特定の位置の大部分の原子が標識されているが，その他の位置も標識され，その分布比が明らかでないもの．[9,10-^{3}H (N)] オレイン酸のように，核種名の後に N (nominally) をつける．

ⓒ 均一標識化合物

標識化合物のすべての位置の原子が均一に標識されているもの．[U-^{14}C] ロイシンのように，核種名の前に U (uniform) をつける．

ⓓ 全般標識化合物

標識化合物のすべての位置の原子が全般的に標識され，その分布が均一ではなく，また分布比が明確ではないもの．[G-^{14}C] メチオニンのように核種名の前に G (general) をつける．

3 ^{14}C 標識化合物

原子炉で硝酸カルシウムなどの窒素化合物を照射する．^{14}N (n, p)^{14}C 反応で生成され，炭酸バリウムの形で精製される．Ba^{14}CO$_3$と，強酸を加えて発生する^{14}CO$_2$を原料に図 8-6 のように，無機，有機化合物を合成していく．

タンパク質などの天然の高分子物質はこのような方法では不可能であるので，生物学的合成法が応用される．^{14}CO$_2$を基質として，高等植物や藻類を使用する方法や，^{14}C 標識化合物を基質として酵素や微生物を使用する方法など，いくつかは実用化されている．標識された炭素原子は，水素やヨウ素原子に比べて溶媒などで交換されたり，標識位置が移動することが少ないのが特色で，その点では安心して使用できる．

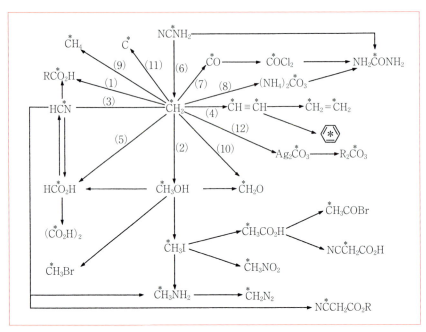

図 6-6. 二酸化炭素［^{14}C］から合成される 1 個の炭素からなる物質と単純な化合物
（日本化学会，1981 より）

4 ^{3}H 標識化合物

　原子炉において核の三分裂により，大量のトリチウムが発生するが，比放射能が低いので，標識用にはリチウム合金を照射し，^{6}Li (n, α)^{3}H 反応で生成されたトリチウムガスを，またはトリチウムガスを酸化銅で酸化したトリチウム水を原料に合成する．水素原子は置換されやすいので，ウイルツバッハ法のようにトリチウムガスやトリチウム化した溶媒中に入れて交換する方法や，ホットアトム法も用いられる．ただしこれらの方法による標識化合物の合成は，比放射能が低く，また標識位置を指定することも困難である．

5 ^{32}P および ^{35}S 標識化合物

原子炉でイオウに中性子を照射する．^{32}S(n, p)^{32}P 反応で^{32}P が生成され，リン酸の形で精製する．リン酸に5塩化リンを反応させると，塩化ホスホリル（POCl$_3$）が生成され，多くの^{32}P 標識有機化合物の中間原料になる．加速器で，^{33}S(n, p)^{33}P 反応で生成する^{33}P は半減期が長く（25.3日）またβ^-線のエネルギーも低い（0.25 MeV）ので，オートラジオグラフィ用には^{32}P(14.3日，1.71 MeV）よりも優れている．近年になり，^{33}P 標識化合物が多く売り出され，使用量が増加している．

原子炉で塩化カリを照射すると，^{35}Cl(n, p)^{35}S 反応により，^{35}S が生成し，硫酸の形で精製される．硫酸を還元して，硫化水素にする．水酸化カリのアルコール溶液の中に硫化水素を吹き込んで，硫化水素アルカリを調整する．硫化水素または硫化水素アルカリをハロゲン化アルキルと反応させ，メルカプト基（-SH）を導入するのが一般的である．

6 その他の標識化合物の調整法

その他標識化合物によく使われる放射性核種は，^{36}Cl，^{131}I，^{125}I などのハロゲン類がある．ここでは一般的によく使用され，γ線放出核種である^{131}I，^{125}I の標識化合物の調製法について述べる．テルルの重水素照射で^{131}I が，アンチモン^{123}Sb のα線照射で^{125}I が生成され，おもにヨウ素（I$_2$）として，蒸留精製し，ヨウ化ナトリウムにする．ヨウ化ナトリウムをヨウ素または一塩化ヨウ素に変え，タンパク質などのヨウ素化に用いる．

タンパク質の^{125}I 標識には直接標識法と間接標識法がある．

1）直接標識法

放射性ヨウ素をタンパク質の一定のアミノ酸残基に直接導入する方法で，^{125}I を用い酸化剤や酸化酵素を用いる直接標識法には次のような方法がある．

　①クロラミンT法：クロラミンT（図6-7）でNa^{125}I を酸化し，活性なI$^+$を得てタンパク質のアミノ酸に直接ヨウ素を導入する方法である（直接法）．最もよく利用されているタンパク質のヨウ素標識法である．強い酸化作用があるためタンパク質に損傷を及ぼす場合があり，そのときはより弱いラクトパーオキ

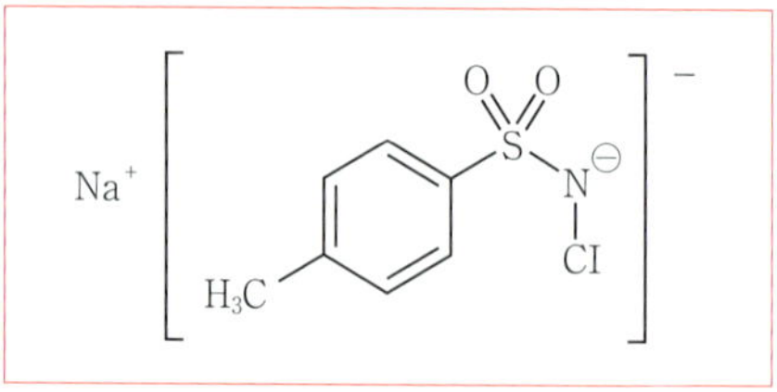

図 6-7. クロラミン T

シダーゼ法（ラクトペルオキシダーゼ法ともいう）かヨードゲン法を用いる．

②ヨードゲン法：Iodogen（1,3,4,6-tetrachloro-3α,6α-diphenylglycouril）を有機溶剤に溶かし試験管に加えたあと溶剤を揮発させ，試験管を酸化剤でコーティングする．そこに反応液と Na^{125}I を加えると ^{125}I が付加した生成物を得る．タンパク質のヨウ素標識法で，プレコートヨウ素化チューブとして販売されている．

③ラクトパーオキシダーゼ（酵素）法：過酸化水素存在下で，ラクトパーオキシダーゼによって NaI が酸化されることを利用する方法である．ほかの方法と違い，アルカリ条件化でヨウ素を標識化できる．ラクトパーオキシダーゼは乳中の酸化還元酵素で，過酸化水素を分解して水にする反応も触媒する．

2）間接標識法

間接標識法（間接的 ^{125}I 標識法）にはボルトンハンター法がある．ボルトンハンター法はフェノール基を放射性ヨウ素 ^{125}I で標識したボルトンハンター（Bolton-Hunter）試薬とタンパク質のアミノ基を化学反応させてヨウ素を間接的にタンパク質に導入する方法で，クロラミン T 法より標識率は低いが，間接的に放射性ヨウ素をタンパクの N 末端に導入することができる．

サイクロトロンで生成され，主として PET に用いられる ^{11}C，^{13}N，^{15}O，^{18}F などの標識化合物は，多量の放射能を用いて，非常に短時間で合成する必要があるので，全自動合成装置が開発されている．たとえば入り口から ^{18}F ガスを流すと，標識された ^{18}F 化合物の溶液が出口から流れてくるようになっている．

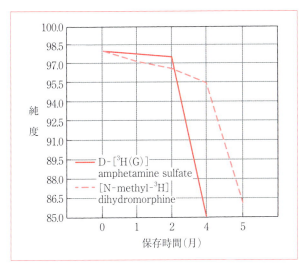

図 6-8．標識化合物分解の例
（第一化学薬品，1995 より）

7 標識化合物の使用上の注意

　標識化合物は分子内に放射能をもつので，分解しやすい．分子内で壊変すれば，そもそも元素が変わってしまう．たとえば^{3}H は^{3}He に，^{14}C は^{14}N に，^{32}P は^{32}S になる．元素が変わると分子が安定なはずがなく，分解が始まる．さらに放射線との反応によりラジカルができ，それらの不安定な化学種が蓄積されていく．ある程度蓄積されると分解が急速に進行するようである．標識化合物の種類によって異なるが，3～4カ月はだいたい安定であるが，その後急速に分解していく（図6-8）．

　放射線の種類による分解の速さはα線＞β線＞γ線の順で，β線ではエネルギーの低いほうが分解しやすい．とくに^{3}H 化合物が最も分解しやすい．ついで，^{14}C，^{35}S 化合物がこれに続いて不安定である．とくにアミノ酸，炭水化合物は分解しやすい．製造業者から提供される情報を参考にして保存する．放射線による分解を低減する一般的方法は次のようなものである．

① 標識化合物は差し支えのない範囲で希釈して保存する（比放射能濃度および放射能濃度を低くする）

② 小分けして保存する．ほかの強い放射能の近くに置かない．
③ 保存温度は低いほうが良いが，凍結することはよくないことが多い．一般的には水溶液は4℃，固体は－30℃以下で保存することが多いが，化合物に依存する．ベンゼン溶液は融点の少し上6～10℃（ベンゼンの融点は5.5℃），アミノ酸や^{3}H標識化合物は2℃が推奨されている．
④ 二次的分解反応を防ぐために遊離基などの捕捉剤を加える．捕捉剤として2％エタノール，ギ酸エチルなどが用いられているが，例外もあるので注意が必要である（ラジカルスカベンジャーを数％加える）．
⑤ その他，有機化合物全般に対する保存上の注意として，試料の純度の向上，乾燥防湿，真空あるいは不活性ガス中での封じ込め，微生物の侵入防止（制菌剤としてエチルアルコールの使用），清潔な容器の使用，冷暗所での保存などに注意を払う．

分解に伴って気体を発生する^{35}Sや^{131}I, ^{125}Iの化合物は不用意に取り扱うと内部被曝するので，慎重に取り扱う．甲状腺に濃縮しやすいヨウ素は，初めて使用するような場合はバイアル瓶の上部の気体を活性炭を充填した注射器で吸い，空気と入れ換えておく．

8 標識化合物の純度

不純物として出発物質や副反応で生じた化合物の混入などが考えられる．普通に行われる程度の精製では標識化合物の純度は十分でないことが多い．というのは，不純物の放射能が高い場合があること，標識化合物が自己分解することがあるからである．そのため比放射能が一定になり，放射化学的にその純度が保障されるまで十分に精製を繰り返しておく必要がある．

放射能濃度：物質の単位質量当たりの放射能で，単位はBq/gであるが，Bq/mLで示されることもある．

放射化学的純度：H＝（目的化学種の放射能／試料中の全放射能）×100（％）核種が1種類に限定される場合に定義される．

放射性核種純度：G＝（目的化学種の目的放射性核種の放射能／試料中の全放射能）×100（％）放射性純度ともいう．いくつかの核種が存在する可能性がある場合に定義される．

E. 年代測定法

　放射性核種の壊変は，エネルギーのたいへん高い原子核内部の不安定さによるものであるので，地球環境には実質的に壊変の速さを変える現象はなく，どのような状態にあろうとも，一定の速度で壊変を続けている．いわば不変の時計と考えてよく，はじめの比放射能と現在の比放射能がわかれば，壊変の式から時間がわかる．

$$N/Ns = N_0 e^{-\lambda t}/Ns$$

　N は現在の放射性核種の量，N_0 ははじめの量，Ns は安定同位体の量，λ は放射性核種の壊変定数，t は経過時間である．ただしその間閉じた系でなければならない．はじめの量がわからないか，あまり半減期が長くて正確に測定できない場合でも，現在の量 (N) と壊変生成物 (N_2) の現在量がわかれば，次式から年代がわかることになる．

$$N + N_2 = N_0 \text{であるから } N_2 = N/e^{-\lambda t} - N$$

この方法は現在存在する核種のみ測定すればよいが，壊変生成物が安定同位体であることが多く，質量分析法が必要である．

1 放射性炭素法

　おもな年代測定法を表 6-4 に示す．ここでは最もよく用いられる放射性炭素法とカリウム・アルゴン法を紹介する．宇宙線と大気中の窒素との反応により ^{14}C が生成する（^{14}N (n, p) ^{14}C）．ただちに酸素と結合して，炭酸ガス（CO_2）になり，炭酸同化作用や石灰化して，海や陸の生態系に入っていく．年輪や貝殻の中に入り，固定化されたときから，^{14}C の濃度（比放射能）は減少を始める．数万年前から，宇宙線強度が一定であれば，はじめの量は一定であり，その減少の仕方から年代がわかる．ただし 1955 年以降の核実験により，大気中に ^{14}C が大量に放出され，大気中の濃度一定という条件は以後使用できない．そのため標準試料との較正が必要になっている．^{14}C の半減期は 5730 年であるので，約 3 万年くらい前からの年代測定ができる．人類の歴史の重要な部分は大半が 3 万年前以降なので，考古学ではたいへん活躍している．なお ^{14}C による年代はその試料中の炭素原子が固定された年代（たとえば炭酸同化作用で木

表 6-4. 放射性核種による年代測定

方法	測定 1	測定 2	半減期	おもな試料	対象年代
親娘関係					
K-Ar 法	^{40}Ar	K (^{40}K)	1.3×10^9y	雲母など鉱物	$10^{10}\sim10^6$y
U-Pb 法	^{206}Pb	U (^{238}U)	4.5×10^9y	ジルコンなど鉱物	$10^{10}\sim10^7$y
Sr-Rb 法	^{87}Sr	Rb (^{87}Rb)	4.9×10^{10}y	岩石, 鉱物	$10^{10}\sim10^7$y
比放射能変化					
^{14}C 法	^{14}C	C	5730 y	木材, 貝	$30000\sim300$ y
^{3}H 法	^{3}H	H$_2$O	12.3 y	海水, 地下水	$100\sim1$ y
壊変生成物の利用					
fission track 法	fission track	^{238}U	4.5×10^9y	ガラス, リン灰石	$10^9\sim10^4$y
ESR 法	ESR			石灰石	$10^4\sim10^2$y

になった年代）であって，その試料そのものの製作年代ではないので注意しなければならない．

^{14}C は最大エネルギー 156 keV の β 線放出核種で，はじめはメタンなどの気体に変えて，気体計測で測定されていたが，現在ではベンゼンに変えて，液体シンチレーション計測することが多い．最近では加速器質量分析法で ^{14}C 粒子を直接タンデム加速器で加速した後，磁場で分離し，^{14}C を測定する方法が実用化された．1 mg くらいの少量の試料で年代測定ができるようになり，さらに古い年代（約 5 万年）まで測定できるようになった．

2 カリウム・アルゴン法

^{40}K は半減期 1.28×10^9 年の一次放射性核種で，次のように壊変する．

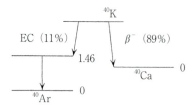

^{40}Ca は Ca の主要な安定同位体であるので，壊変した ^{40}Ca ともともとある ^{40}Ca

を分けるのが難しい．それに比べて^{40}Arは希ガスであるので，Kとは共存しておらず，岩石中にあれば^{40}Kから壊変した^{40}Arと見なすことができる．^{40}Arは希ガスであるので，熱せられると放出されてしまうが，地熱程度では放出されず，かえってマグマから固体化してからの年代がわかり有用である．

^{40}Kは現在カリウムの0.0117％含まれていることを考慮して，通常試料中のカリウム（大半は^{39}K）を炎光分析で定量する．^{40}Arは試料を高温に熱し，放出されてきたアルゴンを質量分析で定量する．この方法はたいへん感度が高い方法なので，試料により百万年前まで測定でき，岩石の年代測定に，Rb-Sr法とともに大変よく用いられている．

試料を中性子照射すると，^{39}K (n, p)^{39}Ar反応が起こり，^{39}Kの代わりに^{39}Arを測定してもよいことになる．この操作により，岩石を加熱して^{40}Ar–^{39}Arのみを測定すれば年代が推定できることになり（Ar-Ar法），微小部分ごとの年代や加熱温度を変えてアルゴン放出を繰り返すことにより，岩石の加熱の歴史がわかるなど応用範囲が広まった．

F. 原子力の利用

原子核内の核子の結合は質量数60ぐらいが最も安定で，そこから軽くなるほど，もしくは重くなるほど不安定になっていく．軽い原子核が融合して，重い核に変わるとき，大きなエネルギーを出す，これが核融合反応である．重い原子核が分裂して，軽い原子核に変わるときも大きなエネルギーを出す，これが核分裂反応である．ともに莫大なエネルギーを産み出すものとして注目され，核分裂は原子爆弾に，核融合は水素爆弾という兵器で利用された．平和利用として，核分裂は原子力発電として利用されるようになったが，核融合はいまも開発中である．

1 原子力発電の原理

1個の^{235}Uが遅い中性子を捕獲して，核分裂して2～3個の中性子を放出して，2個の核種に分裂すると，200 MeV程度のエネルギーを放出する．炉内の単純な反応の一つを示すと次のようになる．

$$^{235}U + {}^1n \longrightarrow {}^{236}U \longrightarrow {}^{139}Ba + {}^{94}Kr + 3\,{}^1n + 190\ \text{MeV}$$

熱エネルギーとしては 180 MeV 程度になる．この核分裂を持続的に行わせるのが原子炉で，発電のみならず，核反応の装置としても利用されている．

　核分裂反応を持続させるためには，同じ速度で核分裂を起こさせる必要がある．1 回の核分裂で平均 2〜3 個の中性子が放出されるため，この中性子をうまく調節して，1 個の熱中性子に変える必要がある．そのため，余分な中性子を吸収する制御棒（Cd 金属など）を出し入れして調節し，また水や石墨などで中性子を減速する．発生したエネルギーもうまく外に取り出してやらなければならない．冷却剤としては水，炭酸ガス，金属ナトリウムなどが使用される．

　炉材として，^{238}U や ^{232}Th を用いると，原子炉内で次のような反応を起こし核分裂可能な ^{239}Pu や ^{233}U になる．

$$T_{1/2}=23.5\ \text{m},\quad T_{1/2}=2.35\ \text{d}$$
$$^{238}U + {}^1n \longrightarrow {}^{239}U \longrightarrow {}^{239}Np \longrightarrow {}^{239}Pu$$
$$T_{1/2}=22.4\ \text{m},\quad T_{1/2}=27\ \text{d}$$
$$^{232}Th + {}^1n \longrightarrow {}^{233}Th \longrightarrow {}^{233}Pa \longrightarrow {}^{233}U$$

^{239}Pu や ^{233}U は核分裂しやすく，核燃料に使うことができる．^{239}Pu や ^{233}U を燃料にできれば，^{238}U は地球上に ^{235}U の 140 倍存在し，また ^{232}Th もそれと同程度存在するので，エネルギー資源の面から期待されている．

2 原子力発電の型式

a 熱中性子炉

　^{235}U の熱中性子による原子炉の開発が最も進み，減速材や冷却材の種類で分類されている．現在実用化あるいは開発中のおもな発電炉を紹介する．

1）加圧水型原子炉　pressurized water reactor（PWR）

　減速材，冷却材ともに軽水を使用し，原子炉で加熱された水は熱交換器で冷却されて，再び原子炉にいく．熱交換器で熱せられた 2 次冷却水が発電機をまわす（図 6-9）．原子炉内で冷却するのは加圧熱水であり，安定して冷却できる．またその熱水は熱交換器までの循環であり，汚染が外部に漏れにくい構造になっている．軽水は中性子の吸収が大きいので，^{235}U を濃縮した燃料が必要

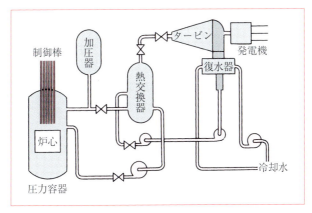

図 6-9. 加圧水型原子炉

である．日本の発電用の原子炉のほとんどはこの型か沸騰水型の軽水炉である．

2）沸騰水型原子炉　boiling water reactor（BWR）

　減速材，冷却材ともに軽水を使用し，原子炉を冷却する水が直接発電機をまわす（図 6-10）．冷却水が原子炉内で沸騰するので，冷却効率を一定に保ちにくく，また汚染が外部に漏れやすい．この技術的困難を克服できれば，構造的に簡単であるので，故障が起こりにくい．軽水炉の特色は取扱い経験が豊富な普通の水を使うこと，かつ価格が安いことである．軽水炉はアメリカのメーカーで開発され，現在の発電炉の主流である．

3）黒鉛減速ガス冷却炉

　水はある程度以上温度を上げるのは不可能であるし，分解し，水素ガスを発生する恐れもある．炭酸ガス冷却炉はこれらの欠点を補って高温にできるので，その熱を製鉄などに直接利用する方法が考えられた．しかし気体であり，伝熱性が悪いので，大型にしなければならない．ガス炉は主としてイギリスで開発された．

4）重水減速軽水冷却炉

　重水は中性子の吸収が小さいので，天然ウランを用いることができ，主としてカナダで開発された．また Pu の生成率も高いので，いわゆる転換炉（たとえば日本のふげん炉）としても使用される．ただしトリチウムが多く生成し，その汚染が起きやすい．

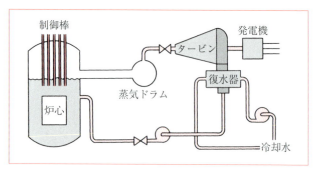

図 6-10. 沸騰水型原子炉

b 速中性子炉

高速中性子で^{239}Puを連鎖反応させると，前述したように燃料に混ぜた^{238}Uや^{232}Thから^{239}Puや^{233}Uが多量に生成していわゆる増殖炉になる．厳密には，核分裂で生成した中性子でふたたび核分裂核種が生産されるとき，分裂した核種と同じ核種を生産するのが増殖炉で，違う核種を生産するのが転換炉である．

1）高速中性子増殖炉

増殖をすすめるためには中性子を減速させないで，熱だけをうまく冷却させる媒体が必要で，そのために液体ナトリウムが使用される．金属ナトリウムは融点98℃，沸点880℃で，熱，放射線には安定である．しかし，ナトリウムは水と爆発的に反応するし，取扱いの経験が少ないので，実験用の炉を造って運転している段階である．

3 核燃料サイクル

ウラン鉱山における鉱石採取に始まって，放射性廃棄物の処分まで，いくつかのプロセスがある．転換，増殖核種の再処理による再使用で，一部が輪になった系ができ，これを核燃料サイクルという（図6-11）．鉱山で採掘されたウラン鉱は，精錬され，イエローケーキと呼ばれる酸化ウランの形で出荷される．軽水炉の場合は^{235}Uの濃縮が必要であるので，気体化しやすいフッ化ウランにして，隔膜を拡散する方法や遠心分離法で濃縮する．燃料棒にするため，固体の酸化ウランに変え，ジルコニウム合金で被覆する．原子力発電で燃焼し

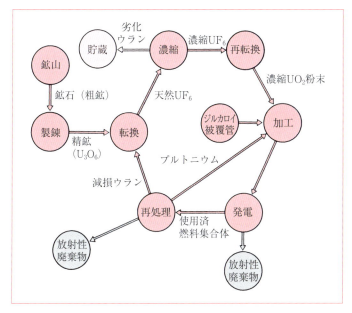

図 6-11. 核燃料サイクル

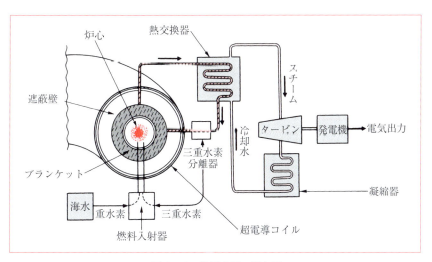

図 6-12. 核融合炉の概念図
（吉川庄一，1973 より）

たウラン燃料は，かなりの期間水中で冷却して短半減期放射性核種を消滅させる．使用済みの燃料は溶解され，ウラン，プルトニウム，核分裂放射性廃棄物に分けられる．ウランはまた濃縮の過程に戻っていく．プルトニウムは増殖炉用に，放射性廃棄物については深層地層処分が想定されているが，現在は実現していない．このように原子力の利用については，原子炉だけではなく，これらサイクル全体の問題として考えなければならない．

4 核融合

核分裂と反対に軽い原子核が融合するときもエネルギーを放出する．実用になりそうな反応は次の3種類である．

D-D 反応　　$^2D + {}^2D \longrightarrow {}^3He + {}^1n + 3.3$ MeV

$^2D + {}^2D \longrightarrow {}^3T + {}^1p + 4.0$ MeV

D-T 反応　　$^2D + {}^3T \longrightarrow {}^4He + {}^1n + 18$ MeV

D-D 反応は海水中にある重水を使用すれば，原料は無尽蔵にあることになるが，核反応断面積が小さく，反応させるためには大変な高温が必要となり実現は非常に困難である．それに比べて D-T 反応の断面積は大きく，実現が目指されている．図 6-12 にその概念図を示す．保護膜（ブランケット）に Li 化合物を含ませて，原料のトリチウムを製造しながら，熱を取り出そうというものである．この反応で十分エネルギーを得るためには1億℃近い高温と，0.5秒近い閉じ込め時間が必要である．このような高温では気体分子は原子核イオンと電子に電離しており，プラズマと呼ばれている．このプラズマを閉じ込めて高温にするために，大きな磁場が必要で，いろいろ考えられており，その中で，トカマク式が最も有力であるといわれている．現在は国際的な協力により実用炉に近い国際熱核融合実験炉 international thermonuclear experimental reactor (ITER) の設計が終わり，フランスのカダラッシュで建設が始まっている．

― 演習問題 ―

問 1. ^{99}Mo-^{99m}Tc ジェネレータで正しいのはどれか. 2つ選べ.
(診放技国試 平成22年類題)
a. 溶出にブドウ糖溶液を利用する.
b. ^{99m}TcO$_4^-$ の形で溶出させる.
c. ミルキング後13時間で再び放射平衡に達する.
d. ^{99}Mo と ^{99m}Tc との間に過渡平衡が成立している.
e. 親核種をアルミナカラムに吸着させる.

問 2. ^{99}Mo-^{99m}Tc において, ^{99}Mo の放射能が 100 MBq, ^{99m}Tc の放射能が 0 のとき, 48 時間後の ^{99m}Tc の放射能 (MBq) に最も近いのはどれか. ただし, ^{99}Mo の物理的半減期は66時間, ^{99m}Tc のそれは6時間とし, ^{99}Mo から ^{99m}Tc への壊変率は87.7％とする. また, 指数関数については, 以下の近似が成立するものとする. $e^{-x} = 1 - x + x^2/2$ とする.
(診放技国試 平成18年)
a. 100　　b. 80　　c. 60　　d. 40　　e. 20

問 3. 組み合わせで誤っているのはどれか. 一つ選べ.
a. 陽電子／PET　　b. 同位体交換反応／クロラミンT法
c. ラジオコロイド／吸着　　d. β 線の透過力／煙検知器
e. 核崩壊のエネルギー／原子力発電　　f. 核崩壊の速度／年代測定

問 4. 放射化分析で生成される核種の放射能に影響しないのはどれか. 一つ選べ. (診放技国試 平成11年類題)
a. 核反応時の温度　　b. 核反応時の照射時間
c. 核反応時の粒子フルエンス　　d. 核反応時の試料容器
e. 生成した放射性核種の壊変定数

問 5. 表6-1のPETに使われる核種はすべて安定核種より質量数が1だけ小さい. その理由を説明せよ.

問 6. タンパク質の放射性ヨウ素標識法を 3 つあげよ．(診放技国試 平成 21 年類題)
　　　a．クロラミン T 法　　　　　b．ラジオコロイド法
　　　c．ラクトパーオキシダーゼ法　d．ボルトンハンター法
　　　e．ジラードチャルマー法

問 7. ^3H の標識化合物の合成法で正しいのはどれか．一つ選べ．
　　(診放技国試 平成 23 年類題)
　　　a．ウイルツバッハ法　　　　　b．ストリップ法
　　　c．クロラミン T 法　　　　　　d．ボルトンハンター法
　　　e．ラクトパーオキシダーゼ法

問 8. 標識化合物の保存法で間違っているのはどれか．一つ選べ．
　　(診放技国試平成 18 年類題)
　　　a．希釈して保存する（比放射能濃度および放射能濃度を低くする）
　　　b．小分けして保存する．　　　c．凍結して保存する．
　　　d．遊離基などの補足剤を加える．　e．冷暗所で保存する．

問 9. 同位体希釈分析と関係ないのはどれか．一つ選べ．(診放技国試 平成 16 年)
　　　a．直接希釈法　　b．不足当量法　　c．逆希釈法
　　　d．色素希釈法　　e．二重希釈法

問 10. 直接希釈分析法で目的化合物に添加する放射性同位体の質量を Ma，比放射能を Ra とし，混合物の比放射能が Rm であった場合の目的化合物の質量はどれか．一つ選べ．(診放技国試 平成 22 年)
　　　a．$(1+Rm/Ra)$ Ma　　b．$(1-Rm/Ra)$ Ma
　　　c．$(Ra/Rm-1)$ Ma　　d．$Ma/(Ra+Rm)$
　　　e．$Ma/(Ra-Rm)$

演習問題の解答，解説

◆第1章

問1. b. ^{18}F

半減期は^{14}C(5730年)，^{18}F(109分)，^{90}Sr(74年)，^{131}I(20時間)，^{137}Cs(30年)．

問2. a. ^{59}Fe

^{68}Ge-^{68}Ga(半減期67分)，^{90}Sr-^{90}Y(64時間)，^{137}Cs-^{137m}Ba(2.5分)，^{222}Ra-^{222}Rn(3.8日)．

問3. b. β^-壊変

問4. 12時間

t 時間のちとし，それぞれの崩壊について次の式が成立する．
$N_A = N_0 \, (1/2)^{t/2}$，$N_B = N_0 \, (1/2)^{t/3}$ 題意から，
$N_0 \, (1/2)^{t/2} / N_0 \, (1/2)^{t/3} = 1/4$　これを解いて12時間後となる．

問5. 4.8時間

有効半減期を T とすると次の式が成立する．
$1/6 + 1/24 = 1/T$　これより $T = 4.8$ 時間

問6. 2倍

過渡平衡にあり，娘核種の半減期の100倍を超えている段階では永続平衡と考えてよい．すると，(1.9)式が成立するので，$\lambda_1 N_1 = \lambda_2 N_2$ となる．したがっておよそ2倍となる．

問7. Na$_2$H^{32}PO$_4$の分子量は143であるからNa$_2$H^{32}PO$_4$ 1 gのモル数は$1/143 = 0.00699$モル．1モルの^{32}Pの原子数は6.02×10^{23}，したがって0.00699モルの^{32}Pの原子数は$6.02 \times 10^{23} \times 0.00699 = 4.21 \times 10^{21}$（個）となる．$\lambda = 0.693/T$ より壊変定数λ（秒）は $\lambda = 0.693/14 \times 24 \times 3600 = 5.73 \times 10^{-7}$ となるので，その初期放射能は $\lambda N_0 = 5.73 \times 10^{-7} \times 4.21 \times 10^{21} = 2.41 \times 10^{15}$（Bq）となる．28日後の放射能は，$N = N_0 \, (1/2)^{t/T}$に代入して $N = 2.41 \times 10^{15} \times (1/2)^{28/14} = 6.0 \times 10^{14}$（Bq）となる．

問8. 陽電子は陰電子と対を作って消滅するので2電子の質量が消滅する．原子質量単位の定義より1amu $= 1.6606 \times 10^{-27}$ kg $= 931$ MeV であるから $2 \times 9.1094 \times 10^{-31} \times 931 / 1.6606 \times 10^{-27} = 1.02$（MeV）

問9. a, b, c.

　　a. ^{68}Ge(半減期270d) $\longrightarrow$ ^{68}Ga(67 m) $\longrightarrow$ ^{68}Zn

b. ^{81}Rb, ^{81}Rb（半減期 4.5h）$\longrightarrow$ ^{81m}Kr（13 s）$\longrightarrow$ ^{81}Kr

c. ^{90}Sr（半減期 28y）$\longrightarrow$ ^{90}Y（64h）$\longrightarrow$ ^{90}Zr

d. ^{99}Mo, ^{99}Mo（半減期 66h）$\longrightarrow$ ^{99m}Tc（6h）$\longrightarrow$ ^{99}Tc

e. ^{140}Ba（半減期 12.7d）$\longrightarrow$ ^{140}La（1.6d）$\longrightarrow$ ^{140}Ce

◆第 2 章

問 1. a. ^{3}H, e. ^{32}P, f. ^{60}Co

問 2. b, c

問 3. c, d, e

問 4. a. ^{14}N(n, p)^{14}C

b. ^{32}S(n, p)^{32}P

c. ^{35}Cl(n, p)^{35}S

d. ^{58}Ni(n, p)^{58}Co

e. ^{23}Na(n, γ)^{24}Na

f. ^{31}P(n, γ)^{32}P

g. ^{34}S(n, γ)^{35}S

h. ^{235}U(n, f)^{90}Sr

問 5. 2.0×10^7 kcal のエネルギーが解放される.

^{235}U 1 g 中にある原子数は $6.02 \times 10^{23}/235 = 2.56 \times 10^{21}$ 個，1 eV は 3.829×10^{-20} cal であるから，$209 \times 10^6 \times 2.56 \times 10^{21} \times 3.829 \times 10^{-20} = 2.048 \times 10^7$（kcal）

問 6. 155 t

^{235}U + n $\longrightarrow$ ^{139}Ba + ^{94}Kr + 3n + 190 MeV，^{235}UO$_2$ の分子量は 267 であるから，^{235}UO$_2$ が 1 g あると，$6.02 \times 10^{23}/267 = 2.25 \times 10^{21}$ 個の ^{235}U 原子がある．$180 \times 2.25 \times 10^{21} = 4.05 \times 10^{23}$ MeV の熱が発生する．1 eV は 3.829×10^{-20} cal であるから $4.05 \times 10^{23} \times 10^6 \times 3.829 \times^{-20} = 1.55 \times 10^{10}$ cal となる．1 g の 0℃ の水を 100℃ にするには 100 cal が必要であるから，$1.55 \times 10^{10} \div 100 = 1.55 \times 10^8$（g）= 155（t）となる．

問 7. 2.22（MeV）

^{2}H は陽子 1 個，中性子 1 個，電子 1 個からなる．計算上の質量は $1.007276 + 1.008665 + 0.000548 = 2.016489$（amu），質量偏差は計算上の質量 − 実際の質量であるから，$2.016489 - 2.014102 = 0.002387$（amu），質量偏差は $0.002387 \times 931.5 = 2.22$（MeV）となる．

◆第3章
問1. b.
問2. c.
問3. e.
問4. e.
問5. b.
問6. d.

◆第4章
問1. a.
問2. b.
問3. e.
問4. b.
問5. c.
問6. b.
問7. 3×10^4 cpm

10^4（Bq）$\times 0.05 \times 60$（秒）$= 3 \times 10^4$ cpm

◆第5章
問1. 1.2×10^2 Gy/h

5.6×10^{-4} g の Fe^{3+} のイオンの数は $5.6 \times 10^{-4} \times 6 \times 10^{23}/55.85$. これは 6.0×10^{18} 個の Fe^{3+} イオン数に相当する．また，鉄線量計における Fe^{3+} の生じる G 値は 15.6 であるから，水溶液は $6.02 \times 10^{18} \times (100/15.6) = 3.85 \times 10^{19}$ eV のエネルギーを吸収したことになる．これは，1 eV $= 1.6 \times 10^{-19}$ J であるから，吸収したエネルギーは 6.16 J のエネルギーとなる．吸収線量 1 Gy は J/kg の単位であるから水溶液 100 g に 30 分間を $kg^{-1} \cdot h^{-1}$ に換算すると，これを 20 倍する必要がある．したがって，$3.85 \times 10^{19} \times 1.6 \times 10^{-19} \times 20 = 1.2 \times 10^2$（Gy/h）となる．（鉄の原子量は 55.85，アボガドロ数は 6.02×10^{23} とした）

問2. c.
問3. d.
問4. c.

◆第6章

問 1. d. e.

問 2. c.

^{99}Mo の初期放射能を N_o とすると,壊変式は $N = N_o e^{-0.693t/T}$ であるから,66 時間後の ^{99}Mo の放射能は $N = N_o e^{-0.693t/T} = N_o e^{-0.693 \times 48/66} = N_o e^{-0.504} = N_o(1 - 0.504 + 0.127) = 0.623 N_o$. ^{99}Mo から ^{99m}Tc への壊変率は 87.7% であるから $N = 0.623 N_o \times 0.877 = 0.546 N_o$ 過渡平衡における娘核種の放射能は式(1.8)より $N_{Tc} = N_o \times T_{Mo}/(T_{Mo} - T_{Tc}) = 0.546 N_o \times 66/(66 - 6) = 0.60 N_{Mo}$ となる.

問 3. b.

問 4. a.

問 5. 表 2-2 は安定核種より中性子が少なくなると,p→n(β^+ 壊変)への核反応が,安定核種より中性子が多いと n→p への核反応(β^- 壊変)が起こることを示している.PET では一般に安定核種に(p, n)反応を起こさせている.したがって,生成した核種は安定核種より質量数が 1 だけ小さくなっている.つまり中性子が少ないと β^+ 壊変が起こることになる.

問 6. a, c, d.

問 7. a.

問 8. c.

問 9. d.

問 10. c.

全体の放射能は前後で変わらないから目的化合物の質量を x とすると,MaRa = Rm(Ma + x)

付　表

1. 物理定数表 （有効数字を短く記した項目もある）

原子質量単位	1.6605×10^{-27} kg = 931.1 MeV
Avogadro 数	6.02214×10^{23} mole^{-1}
Boltzmann 定数	1.38065×10^{-23} joule·K^{-1}
電子の電荷（電気素量）	1.60217×10^{-19} coul
電子の静止質量	9.1093×10^{-31} kg = 0.00055 amu
中性子の静止質量	1.67492×10^{-27} kg = 1.00866 amu
Planck の定数	6.6260×10^{-34} joule·sec
陽子の静止質量	1.67262×10^{-27} kg = 1.00727 amu
α 粒子の静止質量	6.64×10^{-27} kg
Rydberg 定数	1.097373×10^7 m^{-1}
真空中の光速度	2.997925×10^8 m·sec^{-1}
気体定数	8.3144 joule·mole^{-1}·deg^{-1}
万有引力定数	6.674×10^{-11} N·m^2·kg^{-2}
理想気体の標準体積	2.27109×10^{-2} m^3·mole^{-1}
Faraday 定数	9.64853×10^4 coul·mole^{-1}
Bohr 半径	5.29177×10^{-11} m

※ 1997年に標準状態圧力は 1 bar となり，基準の温度を 273.15 K（STP）と定義したときの値である．基準の温度を 298.15 K（SATP）と定義したときの値は 24.8 リットル·mole^{-1} である．
STP：標準温度と圧力で 0℃ 1 気圧（101325 Pa）
SATP：標準環境温度と圧力で 25℃ 1 bar（10^5 Pa）

2. エネルギー換算表

	erg	joule (abs)	cal	eV	cm^{-1}
1 erg	1	10^{-7}	2.389×10^{-8}	6.242×10^{11}	5.034×10^{15}
1 joule (abs)	10^7	1	0.2389	6.242×10^{18}	5.034×10^{22}
1 cal	4.184×10^7	4.184	1	2.612×10^{19}	2.106×10^{23}
1 eV	1.602×10^{-12}	1.602×10^{-19}	3.829×10^{-20}	1	8066.0
1 cm^{-1}	1.986×10^{-16}	1.986×10^{-23}	4.747×10^{-24}	1.240×10^{-4}	1

〔例〕

$$1 \text{ erg} = 2.389 \times 10^{-8} \text{ cal}$$

分子単位をモル単位に換算する場合には Avogadro 数を用いなければならない．たとえば 1 eV = 3.829×10^{-20} cal は 23.06 kcal·mole^{-1} と等価である．

3. 元素の周期表

凡例:
- 原子番号 → 1
- 4桁の質量数 → 1.008
- 元素記号 → H
- 元素名 → 水素
- 電子配置 → s^1

注：( ) 内の数値は放射性同位体の質量数の一例

周期＼族	IA	IIA	IIIB	IVB	VB	VIB	VIIB	VIII			IB	IIB	IIIA	IVA	VA	VIA	VIIA	0
1	1 1.008 **H** 水素 s^1																	
2	3 6.941 **Li** リチウム s^{2}2s^1	4 9.012 **Be** ベリリウム s^{2}2s^2																
3	11 22.99 **Na** ナトリウム [Ne]3s^1	12 24.31 **Mg** マグネシウム [Ne]3s^2																
4	19 39.10 **K** カリウム [Ar]4s^1	20 40.08 **Ca** カルシウム [Ar]4s^2	21 44.96 **Sc** スカンジウム [Ar]3d^{1}4s^2	22 47.87 **Ti** チタン [Ar]3d^{2}4s^2	23 50.94 **V** バナジウム [Ar]3d^{3}4s^2	24 52.00 **Cr** クロム [Ar]3d^{5}4s^1	25 54.94 **Mn** マンガン [Ar]3d^{5}4s^2	26 55.85 **Fe** 鉄 [Ar]3d^{6}4s^2	27 58.93 **Co** コバルト [Ar]3d^{7}4s^2									
5	37 85.47 **Rb** ルビジウム [Kr]5s^1	38 87.62 **Sr** ストロンチウム [Kr]5s^2	39 88.91 **Y** イットリウム [Kr]4d^{1}5s^2	40 91.22 **Zr** ジルコニウム [Kr]4d^{2}5s^2	41 92.91 **Nb** ニオブ [Kr]4d^{4}5s^1	42 95.96 **Mo** モリブデン [Kr]4d^{5}5s^1	43 (99) **Tc** テクネチウム [Kr]4d^{5}5s^2	44 101.1 **Ru** ルテニウム [Kr]4d^{7}5s^1	45 102.9 **Rh** ロジウム [Kr]4d^{8}5s^1									
6	55 132.9 **Cs** セシウム [Xe]6s^1	56 137.3 **Ba** バリウム [Xe]6s^2	57-71 ランタノイド	72 178.5 **Hf** ハフニウム [Xe]4f^{14}5d^{2}6s^2	73 180.9 **Ta** タンタル [Xe]4f^{14}5d^{3}6s^2	74 183.8 **W** タングステン [Xe]4f^{14}5d^{4}6s^2	75 186.2 **Re** レニウム [Xe]4f^{14}5d^{5}6s^2	76 190.2 **Os** オスミウム [Xe]4f^{14}5d^{6}6s^2	77 192.2 **Ir** イリジウム [Xe]4f^{14}5d^{7}6s^2									
7	87 (223) **Fr** フランシウム [Rn]7s^1	88 (226) **Ra** ラジウム [Rn]7s^2	89-103 アクチノイド	104 (267) **Rf** ラザホージウム	105 (268) **Db** ドブニウム	106 (271) **Sg** シーボーギウム	107 (272) **Bh** ボーリウム	108 (277) **Hs** ハッシウム	109 (276) **Mt** マイトネリウム									

ランタノイド

57 138.9 **La** ランタン [Xe]5d^{1}6s^2	58 140.1 **Ce** セリウム [Xe]4f^{1}5d^{1}6s^2	59 140.9 **Pr** プラセオジム [Xe]4f^{3}5d^{0}6s^2	60 144.2 **Nd** ネオジム [Xe]4f^{4}5d^{0}6s^2	61 (145) **Pm** プロメチウム [Xe]4f^{5}5d^{0}6s^2	62 150.3 **Sm** サマリウム [Xe]4f^{6}5d^{0}6s^2

アクチノイド

89 (227) **Ac** アクチニウム [Rn]6d^{1}7s^2	90 232.0 **Th** トリウム [Rn]6d^{2}7s^2	91 231.0 **Pa** プロトアクチニウム [Rn]5f^{2}6d^{1}7s^2	92 238.0 **U** ウラン [Rn]5f^{3}6d^{1}7s^2	93 (237) **Np** ネプツニウム [Rn]5f^{5}6d^{0}7s^2	94 (239) **Pu** プルトニウム [Rn]5f^{6}6d^{0}7s^2

付表

		IIIA	IVA	VA	VIA	VIIA	希ガス
							2 4.003 **He** ヘリウム s^2
		5 10.81 **B** ホウ素 $s^22s^22p^1$	6 12.01 **C** 炭素 $s^22s^22p^2$	7 14.01 **N** 窒素 $s^22s^22p^3$	8 16.00 **O** 酸素 $s^22s^22p^4$	9 19.00 **F** フッ素 $s^22s^22p^5$	10 20.18 **Ne** ネオン $s^22s^22p^6$
IB	IIB	13 26.98 **Al** アルミニウム $(Ne)3s^23p^1$	14 28.09 **Si** ケイ素 $(Ne)3s^23p^2$	15 30.97 **P** リン $(Ne)3s^23p^3$	16 32.07 **S** 硫黄 $(Ne)3s^23p^4$	17 35.45 **Cl** 塩素 $(Ne)3s^23p^5$	18 39.95 **Ar** アルゴン $(Ne)3s^23p^6$
28 58.69 **Ni** ニッケル $(Ar)3d^54s^2$	29 63.55 **Cu** 銅 $(Ar)3d^{10}4s^1$	30 65.38 **Zn** 亜鉛 $(Ar)3d^{10}4s^2$	31 69.72 **Ga** ガリウム $(Ar)3d^{10}4s^24p^1$	32 72.63 **Ge** ゲルマニウム $(Ar)3d^{10}4s^24p^2$	33 74.92 **As** ヒ素 $(Ar)3d^{10}4s^24p^3$	34 78.96 **Se** セレン $(Ar)3d^{10}4s^24p^4$	35 79.90 **Br** 臭素 $(Ar)3d^{10}4s^24p^5$	36 83.80 **Kr** クリプトン $(Ar)3d^{10}4s^24p^6$
46 106.4 **Pd** パラジウム $(Kr)4d^{10}5s^0$	47 107.9 **Ag** 銀 $(Kr)4d^{10}5s^1$	48 112.4 **Cd** カドミウム $(Kr)4d^{10}5s^2$	49 114.8 **In** インジウム $(Kr)4d^{10}5s^25p^1$	50 118.7 **Sn** スズ $(Kr)4d^{10}5s^25p^2$	51 121.8 **Sb** アンチモン $(Kr)4d^{10}5s^25p^3$	52 127.6 **Te** テルル $(Kr)4d^{10}5s^25p^4$	53 126.9 **I** ヨウ素 $(Kr)4d^{10}5s^25p^5$	54 131.3 **Xe** キセノン $(Kr)4d^{10}5s^25p^6$
78 195.1 **Pt** 白金 $(Xe)4f^{14}5d^{10}6s^0$	79 197.0 **Au** 金 $(Xe)4f^{14}5d^{10}6s^1$	80 200.6 **Hg** 水銀 $(Xe)4f^{14}5d^{10}6s^2$	81 204.4 **Tl** タリウム $(Xe)4f^{14}5d^{10}6s^26p^1$	82 207.2 **Pb** 鉛 $(Xe)4f^{14}5d^{10}6s^26p^2$	83 209.0 **Bi** ビスマス $(Xe)4f^{14}5d^{10}6s^26p^3$	84 (210) **Po** ポロニウム $(Xe)4f^{14}5d^{10}6s^26p^4$	85 (210) **At** アスタチン $(Xe)4f^{14}5d^{10}6s^26p^5$	86 (222) **Rn** ラドン $(Xe)4f^{14}5d^{10}6s^26p^6$
110 (281) **Ds** ダームスタチウム	111 (280) **Rg** レントゲニウム	112 (285) **Cn** コペルニシウム	113 (278) **Nh** ニホニウム	114 (289) **Fl** フレロビウム	115 (289) **Mc** モスコビウム	116 (293) **Lv** リバモリウム	117 (293) **Ts** テネシン	118 (294) **Og** オガネソン

| 63 151.9
Eu
ユウロピウム
$(Xe)4f^75d^06s^2$ | 64 157.3
Gd
ガドリニウム
$(Xe)4f^75d^16s^2$ | 65 158.9
Tb
テルビウム
$(Xe)4f^95d^06s^2$ | 66 162.5
Dy
ジスプロシウム
$(Xe)4f^{10}5d^06s^2$ | 67 164.9
Ho
ホルミウム
$(Xe)4f^{11}5d^06s^2$ | 68 167.3
Er
エルビウム
$(Xe)4f^{12}5d^06s^2$ | 69 168.9
Tm
ツリウム
$(Xe)4f^{13}5d^06s^2$ | 70 173.1
Yb
イッテルビウム
$(Xe)4f^{14}6s^2$ | 71 174.9
Lu
ルテチウム
$(Xe)4f^{14}5d^16s^2$ |
| 95 (243)
Am
アメリシウム
$(Rn)5f^76d^07s^2$ | 96 (247)
Cm
キュリウム
$(Rn)5f^76d^17s^2$ | 97 (247)
Bk
バークリウム
$(Rn)5f^76d^27s^2$ | 98 (252)
Cf
カリホルニウム
$(Rn)5f^96d^17s^2$ | 99 (252)
Es
アインスタイニウム | 100 (257)
Fm
フェルミウム | 101 (258)
Md
メンデレビウム | 102 (259)
No
ノーベリウム | 103 (262)
Lr
ローレンシウム |

参考文献

1) 原子力工業，18（7），日刊工業新聞社，1972．
2) 九州大学理学部化学科放射化学講座 卒業研究報告書ならびに高島良正，大崎　進，百島則幸，加冶俊夫，杉原真司の論文より．
3) 三浦　功，菅　浩一，俣野恒夫：放射線計測学，裳華房，1966．
4) G. フリードランダー，J.W. ケネディ共著，斉藤信房，柴田長夫，横山祐之，池田長生共訳：核化学と放射化学，丸善，1964．
5) 高島良正，氏本菊次郎，中村照正，前田米藏共著：放射化学・放射線化学 第1版，南山堂，1972．
6) M. アイゼンバッド著，坂上正信監訳：環境放射能 第2版，産業図書，1979．
7) 垣花秀武，森　芳弘：イオン交換入門，広川書店，1971．
8) 日本アイソトープ協会編：新ラジオアイソトープ 講義と実習，丸善，1989．
9) 日本アイソトープ協会編：ラジオアイソトープ 基礎から取り扱いまで，丸善，1990．
10) 野中　到責任編集：実験物理学講座 原子核 27巻，共立出版，1972．
11) 木越邦彦：年代測定法：放射能による，紀伊國屋書店，1965．
12) 木越邦彦：放射化学概説，培風館，1968．
13) 富永　健，佐野博敏：放射化学概論，東京大学出版会，1986．
14) 佐野博敏，中原弘道，村上悠紀雄，鈴木康雄：基礎放射化学，丸善，1981．
15) 日本アイソトープ協会編：アイソトープ便覧，丸善，1984．
16) 日本アイソトープ協会編：放射化分析による環境調査，日本アイソトープ協会，1979．
17) 日本化学会編：新実験化学講座 標識化合物，丸善，1981．
18) 日本化学会編：新実験化学講座7 基礎技術6 核 放射線Ⅰ，丸善，1975．
19) 日本化学会編：新実験化学講座7 基礎技術6 核 放射線Ⅱ，丸善，1975．
20) 日本化学会編：第4版実験化学講座7 核 放射線，丸善，1992．
21) 日本化学会編：化学便覧，丸善，1981．
22) 日本化学会編：新実験化学講座9 分析化学（Ⅱ），丸善，1976．
23) 古川路明：放射化学，朝倉書店，1994．
24) 吉川庄一：核融合の挑戦，講談社，1973．
25) 石川友清：放射線概論，通商産業社，1996．
26) 第一化学薬品：標識化合物の保存と取扱の手引，第一化学薬品，1995．
27) 第一化学薬品：I-125 ラベリングノート，第一化学薬品，1995．
28) 日本原子力産業会議編：原子力ポケットブック，日本原子力産業会議，1994．
29) 百島則幸，杉原真司，進野　勇，仁田純一，前田米藏，松岡信明，貢金旺：台湾北投温泉の北投石のイメージングアナライザによる放射能分布測定．Radioisotopes 44(6)：389-394，日本アイソトープ協会，1995．
30) 日本放射線技術学会監，花田博之編：放射線技術学シリーズ 放射化学 改訂2版，オーム社，2008．
31) 日本放射化学会編：放射化学の事典，朝倉書店，2015．

日本語索引

あ
アイソトープ 3
アクチバブルトレーサ法
　　　　　　　　　145
安定同位体 3

い
イオン 116
イオン交換クロマトグラフィ
　　　　　　　　　63
イオン対収率 121
一次線量計 107
一次放射性核種 23, 24
イムノラジオメトリック
　　アッセイ 142
イメージングプレート
　　　　　　　　68, 82
色クエンチング 76

う
ヴァンデグラフ型加速器
　　　　　　　　　54
ウイルツバッハ法 150
運動量保存の法則 44

え
永続平衡 15
液体シンチレーション法
　　　　　　　　　70
液体シンチレータ 106

液滴モデル 40
遠心分離法 73

お
オージェカスケード 94
オージェ効果 94
オートラジオグラフィ
　　　　　　　77, 146
親核種 6, 10

か
加圧水型原子炉 160
ガイガーミューラ計数管
　　　　　　　　　101
壊変速度 10
壊変毎秒 17
化学クエンチング 76
化学合成法 149
化学線量計 127
化学的線量測定 107
核異性体 3
核異性体転移 7
核子 2
核種 3
核燃料親物質 49
核燃料サイクル 162
核燃料の再処理 49
核破砕反応 46
核反応 43
核分裂反応 46
殻模型 40

核融合 164
核融合反応 51
ガス増幅 100
荷電独立性 37
荷電粒子加速装置 53
荷電粒子放射化分析 144
荷電粒子励起 X 線 145
過渡平衡 13
ガラス線量計 108
カリウム・アルゴン法
　　　　　　　　　158
カルノー石 25
間接標識法 154

き
輝尽性蛍光体 68
気体試料調製法 76
軌道電子捕獲 7
逆希釈法 138, 139
吸収線量 17, 20
吸着クロマトグラフィ 65
競合的タンパク結合測定法
　　　　　　　　　142
共沈剤 61
共沈法 59
近距離力 37

く
空気壁電離箱 100
クエンチング 76
クォーク 41

グレイ 20
クロマトグラフィ 62
クロラミンＴ法 153

系間交差 119
蛍光の減衰 105
結合エネルギー 37
原子核 36
原子核反応 41
原子質量単位 2
原子炉 5
減衰曲線 11
減速剤 49

こ

光刺激蛍光 109
高速中性子増殖炉 162
酵素法 154
光電効果 94
光電子増倍管 74, 104
後方散乱 90
後放射化法 145
黒鉛減速ガス冷却炉 161
国際熱核融合実験炉 164
国際放射線防護委員会 17
個人線量計 22
コッククロフト・ウォルトン型加速器 54
コンタクト法 80
コンプトン効果 94
コンプトン端 95

サイクロトロン 54
酸素クエンチング 76

シーベルト 20
実効線量 20
実効半減期 22
質量吸収係数 93
質量減弱係数 93
自発核分裂 5, 8, 47
重水減速軽水冷却炉 161
集積線量 106
準安定状態 4
照射線量 17, 20
蒸着法 73
蒸発法 71
消滅γ線 6, 95
消滅放射性核種 24
食物連鎖 32
ショットキー欠陥 130
ジラード・チャルマー法 150
シンクロトロン 54
新元素 52
人工放射性核種 24, 29
人工放射性元素 52
シンチレーション計数装置 103
シンチレータ 103, 104

す

水和電子 124, 127

スカベンジャー 59, 117
ストリップ法 81

生合成法 149
制動放射 86
制動放射Ｘ線 6
生物学的半減期 22
閃ウラン鉱 25
線エネルギー付与 113
線型加速器 54
線減弱係数 93
線スペクトル 5
線量測定法 106

速中性子放射化分析 144
速中性子炉 162
即発中性子 49
阻止能 88

対消滅 8
タリウム活性ヨウ化ナトリウム NaI 106
単一光子放射断層撮影 147
弾性衝突 87
担体 58

チェレンコフ効果 97
チェレンコフ輻射 97
遅発中性子 49

中性子捕獲反応　49
中性子誘起即発γ線分析法
　　　　　　　　144
中性微子　6
超ウラン元素　52
直接希釈法　138
沈殿ろ過法　72

電気泳動法　67
電子式ポケット線量計　108
電子対生成　95
電着法　72
電離放射線　86

同位体　3
同位体希釈分析　137, 138
同位体効果　148
同位体交換法　149
同位体誘導体法　139
等価線量　20
同重体　3
特性X線　6, 7
トレーサ　136

内部転換　119
内部転換電子　6
内部被曝　22
軟β線　74

に

二次線量計　107

二次放射性核種　23, 28
二重希釈法　138, 139

熱中性子放射化分析　142
熱中性子炉　160

濃縮係数　30
濃度クエンチング　76

波長シフター　105
ハロゲン計数管　101
半価層　90
半減期　10
反跳合成法　150
半導体検出器　106

光の二重性　93
非弾性衝突　87
比放射能　19, 59, 136
標識化合物　148

不感時間　102
輻射性衝突　86
不足当量法　138, 141
沸騰水型原子炉　161
物理的線量測定法　108
ブラッグ曲線　88
フリッケ線量計　107, 125
フレンケル欠陥　129

分岐壊変　12
分配クロマトグラフィ　65

平均結合エネルギー　38
ペーパークロマトグラフィ
　　　　　　　　65
ベクレル　17

放射化学　112
放射化学純度　137
放射化学的純度　58
放射化学分析　137
放射化分析　137
放射性核種　23
放射性降下物　30
放射性炭素法　157
放射性同位体　3
放射線化学　112
放射線損傷　129
放射線分解　58, 137
放射線量　17
放射分析　137
放射平衡　15
放射免疫分析法　141
保持担体　59
捕集剤　61
ホットアトム　68
ポテンシャルエネルギー曲線
　　　　　　　　120
ボルトンハンター法　154

マウント法　81
マクロオートラジオグラフ法
　　　　　　79
魔法数　40

ミクロオートラジオグラフィ
　　　　　　80
密度の飽和性　37
ミルキング　16

無機シンチレータ　106
娘核種　6, 10
無担体　19
無担体試料　59

も
モナズ石　25

有機シンチレータ　106
有効半減期　22
誘導核分裂　47
誘導放射性核種　24, 28

溶解度積　59
陽電子　6, 7
陽電子断層撮影法　146
陽電子放出短寿命核種　146
溶媒抽出法　61
ヨードゲン法　154
預託実効線量　22

ら
ラクトパーオキシダーゼ法
　　　　　　154
ラクトペルオキシダーゼ法
　　　　　　154

ラジオイムノアッセイ　141
ラジオコロイド　59, 137
ラジオレセプターアッセイ
　　　　　　142
ラジカル　115

離脱電子　127
量子効率　104
燐光　119

励起状態　4
連鎖反応　49
連続X線　6

外国語索引

α 壊変　5
α 線放出核種　136
absorbed dose　17
activable tracer method
　　　　　　　　　145
Auger effect　94
Auger 効果　7
autoradiography　146

β 壊変　6
β 線スペクトロメータ　116
β 線放出核種　136
becquerel　17
BF$_3$ 比例計数管　101
Bragg curve　88
BWR　161

carrier free　19
carrier free sample　59
charged particle activation
　analysis　144
chromatography　62
Compton effect　94
CPBA　142

daughter nuclide　10

direct dilution method　138
double dilution method　138
DPO　74
dps　17

EC 壊変　6
electron capture　7
exposure dose　17
extinct radionuclides　24

fast neutron activation
　analysis　144
figure of merit　105
Frenkel defect　129
Fricke dosimeter　107

γ 線放射　7
γ 線放出核種　136
GM 計数管　100, 102
Gy　20

Hahn　42
half life　10
^{3}He 比例計数管　101

ICRP　17

imaging plate　68
induced radionuclides　24
internal conversion
　electron　6
IRMA　142
isobar　3
isomeric transition　7
isotope　3
isotope dilution analysis
　　　　　　　　　137
ITER　164

Joliot-Curie　42

labelled compound　148
LET　88
LTE　113

magic number　40

neutrino　6
nuclear fission reaction　47
nuclear isomer　3
nuclear spallation reaction
　　　　　　　　　47
nucleon　2
nuclide　3

OSL 線量計 109

pair production 96
parent nuclide 10
PET 146
PGA 144
photoelectric effect 94
photomultiplier 104
PIXE 145
POPOP 74
positron 6
PPO 74
primary radionuclides 23
PWR 160

quark 41

quenching 75
Q ガス 102

radiation dose 17
radioactivation analysis 137
radioactive fallout 30
radiochemical analysis 137
radiometric analysis 137
reverse dilution method 138
RIA 141
RRA 142
Rutherford 42

Schottky defect 130
scintillator 104
secondary radionuclides 23
shell model 40
specific activity 19, 59, 136
SPECT 147
stable isotope 3
stopping power 88
Strassmann 42
substoichiometric isotope dilution method 138
Sv 20

TP 74
tracer 136

Weizäcker 40

ZnS 106

診療放射線技術選書

放射化学・放射線化学

1972年 5月15日　1版1刷	©2015
2002年11月 1日　4版1刷	
2010年 3月25日　　4刷	
2015年 3月 5日　5版1刷	
2023年 1月30日　　2刷	

著　者
　まえ　だ　よねぞう　　　ももしまのりゆき
　前田米藏　　百島則幸

発行者
　株式会社 南山堂　代表者 鈴木幹太
　〒113-0034　東京都文京区湯島 4-1-11
　TEL 代表 03-5689-7850　www.nanzando.com

ISBN 978-4-525-27835-9

JCOPY ＜出版者著作権管理機構 委託出版物＞
複製を行う場合はそのつど事前に(一社)出版者著作権管理機構(電話03-5244-5088, FAX 03-5244-5089, e-mail: info@jcopy.or.jp)の許諾を得るようお願いいたします。

本書の内容を無断で複製することは,著作権法上での例外を除き禁じられています。また,代行業者等の第三者に依頼してスキャニング,デジタルデータ化を行うことは認められておりません。